Baumgartner   Versammlungsstätten und Verkaufsstätten
4. Auflage

Versammlungsstätten und Verkaufsstätten

4., neu bearbeitete Auflage

Band I   Verkaufsstätten

*Musterverordnung der ARGEBAU
mit Bau- und Betriebsvorschriften*
Erläuterungen

Von

Robert O. R. Baumgartner
Ltd. Ministerialrat a. D.

Carl Heymanns Verlag KG · Köln · Berlin · Bonn · München

Die Deutsche Bibliothek – CIP-Einheitsaufnahme

Baumgartner, Robert O. R.:
Versammlungsstätten und Verkaufsstätten / von Robert O. R. Baumgartner. Köln; Berlin; Bonn; München: Heymanns, 2001

Bd. I: Verkaufsstätten: Musterverordnung der ARGEBAU mit Bau- und Betriebsvorschriften – Erläuterungen

ISBN 3-452-24756-2

Das Werk ist urheberrechtlich geschützt. Die dadurch begründeten Rechte, insbesondere die der Übersetzung, des Nachdrucks, der Entnahme von Abbildungen, der Funksendung, der Wiedergabe auf photomechanischem oder ähnlichem Wege und der Speicherung in Datenverarbeitungsanlagen, bleiben vorbehalten.

© Carl Heymanns Verlag KG · Köln · Berlin · Bonn · München 2001
50926 Köln
E-Mail: service@heymanns.com
http://www.heymanns.com

ISBN 3-452-24756-2

Gedruckt in der Gallus Druckerei KG Berlin

Gedruckt auf säurefreiem und alterungsbeständigem Papier

Vorwort zur vierten Auflage

Die Verordnungen der Bundesländer über die sog. Sonderbauten haben ihre Grundlage in Musterverordnungen, die von der Fachkommission Bauaufsicht der ARGEBAU ausgearbeitet worden sind. Von diesen Verordnungen sind in den bisherigen Auflagen des Werks die über Versammlungsstätten und Geschäftshäusern gebracht und erläutert worden. Die Muster werden von der Fachkommission in gewissen Zeitabständen der technischen und rechtlichen Entwicklung angepasst. Diese Arbeit ist in den letzten Jahren aufwendiger und langwieriger geworden, nicht zuletzt auch darum, weil mehr Gremien zu beteiligen sind (z. B. die EU-Kommission in Brüssel). Von den beiden o. a. Verordnungen liegt seit einiger Zeit die über Verkaufsstätten (wie sie jetzt heißt) vor, während die über Versammlungsstätten noch auf sich warten lässt. Die meisten Länder haben entsprechend dem Muster neue Verkaufsstättenverordnungen erlassen, sodass es sich anbietet, die neue Musterverordnung über Verkaufsstätten zu bringen und zu erläutern. Beispielhaft wurden im Anhang die VerkaufsstättenVO des Landes Baden-Württemberg vom 11. 2. 1997 und des Landes Nordrhein-Westfalen vom 8. 9. 2000 abgedruckt.

München, im Dezember 2000 *Robert O. R. Baumgartner*

Inhalt

Vorwort VII

Verkaufsstättenverordnung

Einführung 1

§ 1	Anwendungsbereich	8
§ 2	Begriffe	12
§ 3	Tragende Wände, Pfeiler und Stützen	19
§ 4	Außenwände	24
§ 5	Trennwände	27
§ 6	Brandabschnitte	30
§ 7	Decken	43
§ 8	Dächer	46
§ 9	Verkleidungen, Dämmstoffe	49
§ 10	Rettungswege in Verkaufsstätten	51
§ 11	Treppen	60
§ 12	Treppenräume, Treppenraumerweiterungen	65
§ 13	Ladenstraßen, Flure, Hauptgänge	69
§ 14	Ausgänge	73
§ 15	Türen in Rettungswegen	76
§ 16	Rauchabführung	81
§ 17	Beheizung	84
§ 18	Sicherheitsbeleuchtung	84
§ 19	Blitzschutzanlagen	88
§ 20	Feuerlöscheinrichtungen, Brandmeldeanlagen und Alarmierungseinrichtungen	89
§ 21	Sicherheitsstromversorgungsanlagen	94
§ 22	Lage der Verkaufsräume	97
§ 23	Räume für Abfälle	99
§ 24	Gefahrenverhütung	100
§ 25	Rettungswege auf dem Grundstück, Flächen für die Feuerwehr	103
§ 26	Verantwortliche Personen	105
§ 27	Brandschutzordnung	110
§ 28	Stellplätze für Behinderte	115
§ 29	Zusätzliche Bauvorlagen	116
§ 30	Prüfungen	118
§ 31	Weitergehende Anforderungen	123
§ 32	Übergangsvorschriften	125
§ 33	Ordnungswidrigkeiten	126
§ 34	In-Kraft-Treten	128

Inhalt

Anhang

Anhang 1 Verkaufsstättenverordnung des Landes Baden-Württemberg ... 131
Anhang 2 Verkaufsstättenverordnung des Landes Nordrhein-Westfalen .. 143

Sachregister 155

Verkaufsstättenverordnung

Einführung

Übersicht

	Rdnr.
1. Die früheren Polizeiverordnungen	1
2. Muster einer Geschäftshausverordnung (Warenhausverordnung)	5
3. Muster 1995 einer Verkaufsstättenverordnung	9
4. Besondere Anforderungen	14
5. Städtebauliche Zulässigkeit	16

1. Die früheren Polizeiverordnungen

Die alten (wie die neuen) Bauordnungen waren in ihren materiellen Bestimmungen auf die in der Mehrzahl vorkommenden üblichen baulichen Anlagen wie Wohngebäude, landwirtschaftliche Gebäude und vergleichbare Bauten gewerblicher Art usw. abgestellt. Für bauliche Anlagen besonderer Art und Nutzung oder Sonderbauten, wie es heute heißt, enthielten die Bauordnungen zum Teil die Ermächtigung, im Einzelfall weitergehende baupolizeiliche Anforderungen zu stellen wie in § 30 Preußische Einheitsbauordnung: Anforderungen für besondere Arten von Gebäuden, zum Teil allgemeine Regelungen der Art wie in § 46 BayBO 1901: Bauten von größerer Ausdehnung und in § 47: Gebäude größerer Brandgefahr. 1

Die starke Bautätigkeit zu gewissen Zeiten und damit die Prägung bestimmter Gebäudearten ergaben die Notwendigkeit, die besonderen bauaufsichtlichen Anforderungen für solche Vorhaben zu normieren; so erließ der preußische Minister für Volkswohlfahrt die Polizeiverordnung vom 8. Dezember 1931 (Pr. Gs. S. 277) über den Bau und die Einrichtung von Waren- und Geschäftshäusern (Warenhausverordnung). Die Polizeiverordnung, die auf die §§ 14, 25 bis 33 des Polizeiverwaltungsgesetzes (PVG) vom 1. Juni 1931 (Pr. Gs. S. 77) gestützt war, galt für das ganze damalige preußische Staatsgebiet im Gegensatz z. B. zur Theaterverordnung, die jeweils von den Regierungspräsidenten als Polizeiverordnung erlassen werden musste. 2

Die Warenhausverordnung galt nach dem Zweiten Weltkrieg in den Nachfolgeländern weiter. Da § 34 Abs. 1 PVG die Geltungsdauer der Poli- 3

Einführung

zeiverordnung auf dreißig Jahre beschränkte, wäre die Warenhausverordnung allgemein am 7. Dezember 1961 außer Kraft getreten. Ihr rechtliches Schicksal hing jedoch von den einzelnen landesrechtlichen; Regelungen ab. So war sie z. B. in Rheinland-Pfalz am 1. April 1959 aufgrund des § 102 des Polizeiverwaltungsgesetzes vom 26. März 1954 (GVBl. S. 31) außer Kraft getreten, während sie in Hessen durch die Fassung des § 85 Abs. 2 Nr. 1 der hessischen Bauordnung vom 6. Juli 1967 (GVBl. S. 101) zwar ausdrücklich unberührt blieb, aber in der Zwischenzeit ebenfalls durch Fristablauf außer Kraft trat.

4   In Bayern wurden die §§ 46 und 47 BayBO 1901 ergänzt durch eine Entschließung des Bayer. Staatsministeriums des Innern vom 7. Oktober 1903 (BayBSVI I S. 12) über die Feuer- und Betriebssicherheit von Waren- und Geschäftshäusern.

2. Muster einer Geschäftshausverordnung (Warenhausverordnung)

5   Nach dem Zweiten Weltkrieg wurde in der Bundesrepublik das Planungs- und Baurecht umfassend neu geordnet, um es den Fortschritten der Bautechnik und Bauwissenschaft sowie den geänderten wirtschaftlichen Bedürfnissen anzupassen, mit den neueren rechtsstaatlichen Grundsätzen in Einklang zu bringen und so weit zu vereinheitlichen, als das sachlich geboten und nach dem Grundgesetz verfassungsrechtlich zulässig war. Das Rechtsgutachten des Bundesverfassungsgerichts über die Zuständigkeit des Bundes zum Erlass eines Baugesetzes vom 16. Juni 1954 (BVerfGE 3 S. 407) schuf die notwendige Klarheit über die Gesetzgebungszustandigkeiten des Bundes und der Länder.

6   Nach der Bad Dürkheimer Vereinbarung, die der Bund am 21. Januar 1955 mit den für die Bauaufsicht zuständigen Ministern und Senatoren der Länder (ARGEBAU) getroffen hatte, macht der Bund von seiner Gesetzgebungszustandigkeit auf dem Gebiet des Bauaufsichtsrechts keinen Gebrauch, wenn die Länder das Bauaufsichtsrecht möglichst einheitlich und umfassend regeln. Aufgrund der Vereinbarung wurde eine Musterbauordnungskommission gebildet, die den Auftrag erhielt, das Muster einer Landesbauordnung sowie Muster für Rechtsverordnungen zu entwerfen.

7   Die Musterbauordnungskommission verabschiedete 1959 die Musterbauordnung und legte 1963 die Muster von sieben Rechtsverordnungen wie der Bauvorlagenverordnung, Bautechnischen Prüfungsverordnung, der Garagenverordnung usw. vor. Zu diesen Entwürfen gehörte auch der einer »Verordnung über den Bau und Betrieb von Warenhäusern (Geschäftshäusern)«, der 1963 abgeschlossen wurde (Fassung Juli 1963, siehe Bände 20 und 21 der Schriftenreihe des Bundesministers für Wohnungswesen, Städtebau und Raumordnung).

Die Arbeit der Musterbauordnungskommission wurde Ende 1963 von der Fachkommission Bauaufsicht der ARGEBAU übernommen, die die Fortentwicklung der Warenhausverordnung einem Arbeitskreis (Geschäftshausverordnung) anvertraute. Das etwas überarbeitete Muster kam 1967 nunmehr mit der Bezeichnung »Geschäftshausverordnung« heraus. Von den Ländern erließ Bayern als erstes 1964 die Warenhausverordnung, es folgte Berlin 1966, dann nach und nach die anderen Länder. Der Arbeitskreis Sonderbauten der Fachkommission Bauaufsicht überarbeitete das Muster in einzelnen Punkten, z. B. wurden erstmalig Anforderungen an Ladenstraßen gestellt. Die Bearbeitung des Musters wurde für längere Zeit abgeschlossen mit der Fassung 1977, die auch die Grundlage für die Einführung als Richtlinie in den neuen Bundesländern bildete.

3. Muster 1995 einer Verkaufsstättenverordnung

Die Notwendigkeit die Fassung 1977 fortzuschreiben ergab sich zunächst daraus, sie an die Musterbauordnung anzupassen, die in den Jahren 1981 bis 1990 erheblich geändert wurde. Die wesentlichen Ziele sind größtmögliche Effizienz, Vereinfachung, bessere Lesbarkeit, Vermeidung von Doppelregelungen, Verringerung des Verwaltungs- und Kostenaufwands.

Ein weiterer Gesichtspunkt die Vorschriften zu überarbeiten war, dass die Verkaufsstätten sich in ihrer Struktur im Laufe der Zeit gewandelt haben. So unterlagen dem Anwendungsbereich der Warenhausverordnung – Fassung Juli 1963 – nur Waren- und Geschäftshäuser – nach der Definition Verkaufsstätten mit einer Nutzfläche der Verkaufsräume von mehr als 2000 m^2. Für andere Verkaufsstätten bestand seinerzeit noch kein Regelungsbedürfnis.

Dies änderte sich allmählich mit dem Aufkommen der Einkaufszentren, in denen mehrere Einzelhandelsbetriebe in einem gemeinsamen baulichen Gehäuse vereint sind; für den Kundenverkehr werden die Einzelhandelsbetriebe vielfach durch Ladenstraßen erschlossen. Die heute übliche Form der regelungsbedürftigen Verkaufsstätte stellt sich deshalb weniger als das »klassische« Waren- und Geschäftshaus dar, sondern vielmehr als eine Mischung von Einzelhandelsbetrieben unterschiedlicher Größe, von anderen Nutzungen wie Restaurants oder Büros und von Ladenstraßen, die vielfach so ineinander greifen, dass eine räumliche Trennung nicht mehr möglich ist.

Dieser Entwicklung müssen sich die baurechtlichen Anforderungen anpassen. Bei der Fortentwicklung der Warenhausverordnung wurde deshalb der Anwendungsbereich auch auf Verkaufsräume verschiedener miteinander verbundener Verkaufsstätten ausgedehnt; hinzu kamen später auch Anforderungen an Ladenstraßen und Ladenstraßenbereiche. Bis hin zum

Einführung

Muster der Geschäftshausverordnung vom Mai 1977 behielt das Geschäftshaus jedoch seine dominierende Rolle. Dies drückte sich nicht nur in der Bezeichnung der Verordnung aus, sondern auch in der Sonderbehandlung bei den Einzelvorschriften. Diese Sonderbehandlung, die vor allem historische Ursachen hat, ist bei den heutigen Verkaufsstätten nicht mehr gerechtfertigt. Dies verdeutlicht die neue Bezeichnung »Verkaufsstättenverordnung« ebenso wie der Verzicht auf Sonderregelungen für Geschäftshäuser.

13 Auch die bisherige Sonderbehandlung von Ladenstraßen und Ladenstraßenbereichen aus der Muster-Geschäftshausverordnung – Fassung Mai 1977 – wurde aufgegeben. Eine räumliche, insbesondere eine brandschutztechnisch wirksame Trennung dieser Bereiche von anderen Teilen der Verkaufsstätte ist häufig nicht mehr anzutreffen. Hinzu kommt, dass die Ladenstraße, die ursprünglich für den Kundenverkehr zwischen den einzelnen angrenzenden Geschäften gedacht war, häufig auch dem Verkauf von Waren dient und auch aus diesem Grund eine Sonderbehandlung nicht gerechtfertigt ist.

4. Besondere Anforderungen

14 Verkaufsstätten können ab einer bestimmten Größe mit besonderen Gefahren für die öffentliche Sicherheit oder Ordnung verbunden sein. Die Gefahren können sich vor allem aus der gleichzeitigen Anwesenheit einer großen Zahl überwiegend ortsunkundiger Menschen auf engem Raum und aus der Anhäufung brennbarer, im Brandfall zur Verqualmung führender Waren oder Verpackungen ergeben.

15 An Verkaufsstätten müssen deshalb vorallem aus Gründen des Brandschutzes besondere Anforderungen gestellt werden. Die Notwendigkeit besonderer Anforderungen ergibt sich aber auch daraus, dass an Verkaufsstätten wegen der besonderen Art ihrer Nutzung in wesentlichen Bereichen nur geringere Anforderungen gestellt werden als an andere Gebäude. Dies betrifft beispielsweise die offene Verbindung von Geschossen sowie die Größe von Brandabschnitten.

5. Städtebauliche Zulässigkeit

16 Für Einzelhandelsgroßbetriebe enthält § 11 Abs. 3 BauNVO eine Sonderregelung für alle Baugebiete. Nach Satz 1 dieser Vorschrift sind
– Einkaufszentren (Nr. 1),
– großflächige Einzelhandelsbetriebe mit bestimmten städtebaulichen und raumordnerischen Auswirkungen (Nr. 2),
– mit letzteren vergleichbar sonstige großflächige Handelsbetriebe (Nr. 3),

außer in Kerngebieten nur in speziell für diese Betriebe in Bebauungsplänen ausgewiesenen Sondergebieten (Sondergebiete »Läden«, »großflächiger Einzelhandel« usw.) zulässig. In allen anderen Baugebieten (z. B. Mischgebieten, Gewerbegebieten) sind sie dagegen unzulässig. Wesentlicher Zweck dieser Vorschrift ist sicherzustellen, dass Einzelhandelsgroßbetriebe wegen der von ihnen ausgehenden städtebaulichen und raumordnerischen Auswirkungen nur aufgrund eines entsprechenden Bebauungsplans, ggf. auch eines Vorhaben- und Erschließungsplans, genehmigt werden dürfen.

Durch die Aufstellung dieser Pläne wird erreicht, dass die von solchen Vorhaben ausgehenden Auswirkungen berücksichtigt und sachgerecht im Rahmen der planerischen Entscheidung der Gemeinde behandelt werden. 17

Ein Einkaufszentrum (Nr. 1) ist ein einheitlich geplanter, finanzierter, gebauter und verwalteter Gebäudekomplex größeren Umfangs mit mehreren Einzelhandelsbetrieben verschiedener Art und Größe, zumeist verbunden mit verschiedenen Dienstleistungsbetrieben; hat eine einheitliche Planung des Komplexes nicht stattgefunden, können mehrere Betriebe ein Einkaufszentrum darstellen, wenn neben ihrer engen räumlichen Konzentration ein entsprechendes Mindestmaß an gemeinsamer Organisation und Kooperation gegeben ist, die auch äußerlich in Erscheinung treten. 18

Nr. 2 erfasst die großflächigen Einzelhandelsbetriebe, die bestimmte städtebauliche oder raumordnerische Auswirkungen haben. Einzelhandel bedeutet nicht eine bestimmte Betriebsform (z. B. Verbrauchermärkte, Selbstbedienungswarenmärkte, Supermärkte, Fachmärkte, Warenhäuser usw.); Einzelhändler ist vielmehr, wer überwiegend »letzte Verbraucher« – Letztverbraucher – Endverbraucher – beliefert bzw. an diese in sonstiger Weise verkauft. Großflächig ist ein Abgrenzungskriterium der Großformen des Einzelhandels gegenüber den von § 11 Abs. 3 BauNVO nicht erfassten kleineren Betriebsformen; die Großflächigkeit beginnt nach der Rechtsprechung »etwa bei 700 m^2 Verkaufsfläche« (= ca. 1000 m^2 Geschossfläche). Nr. 2 setzt weiter voraus, dass von den großflächigen Betrieben nicht nur unwesentliche städtebauliche oder raumordnerische Auswirkungen (beispielhaft in Satz 2 der Vorschrift aufgeführt) ausgehen können. Diese sind in der Regel bei 1200 m^2 Geschossfläche (etwa 800 m^2 Verkaufsfläche) anzunehmen (§ 11 Abs. 3 Satz 3 BauNVO). 19

Diese Regel gilt in atypischen Fallgestaltungen nicht (§ 11 Abs. 3 Satz 4 BauNVO), z. B. wenn ein Betrieb aufgrund der Art seines Warenangebotes (sperrige Güter und schmales Warensortiment) eine größere Verkaufsfläche benötigt. 20

Diese Regelung bedeutet, dass großflächige Einzelhandelsbetriebe mit 1200 m^2 und mehr Geschossfläche in allen Wohngebieten sowie in Dorf-, Misch-, Gewerbe- und Industriegebieten in der Regel unzulässig sind. 21

Zu den sonstigen großflächigen Handelsbetrieben nach Nr. 3 gehört nicht der funktionelle »reine Großhandel (Verkauf von Wiederverkäufer 22

Einführung

und gewerbliche Verbraucher); erfasst werden aber z. B. Mischbetriebe (teils Großhandel, teils Einzelhandel).

23   Die Verkaufsstätten, die unter den Anwendungsbereich der Verkaufsstättenverordnung fallen, sind somit Betriebe, deren städtebauliche Zulässigkeit sich insbesondere aus § 11 Abs. 3 BauNVO ergibt. Das Flächenmaß des § 1 MVkVO ist zudem erheblich größer (2000 m^2 Nutzfläche) als das nach § 11 Abs. 3 Satz 3 BauNVO (1200 m^2 Geschossfläche). Es werden daher Betriebe von den Vorschriften des § 11 Abs. 3 BauNVO erfasst, die nicht der Verkaufsstättenverordnung unterliegen, siehe hierzu auch die Rdnr. 7 der Erl. zu § 1 MVkVO. Für Einkaufszentren ist zwar keine Fläche festgelegt, es gilt aber im Grundsatz dasselbe.

24   Die Länder haben über die Zulässigkeit von Einzelhandelsbetrieben nach dem Baugesetzbuch und der Baunutzungsverordnung sowie die landesplanerische Beurteilung eine sehr ausführliche Verwaltungsvorschrift erlassen.

Musterverordnung der Fachkommission »Bauaufsicht« der ARGEBAU über den Bau und Betrieb von Verkaufsstätten* (Muster-Verkaufsstättenverordnung – MVkVO –)

Fassung September 1995

Aufgrund von § 81 Abs. 1 Nrn. 3 und 4 und Abs. 3 MBO wird verordnet:

Inhaltsverzeichnis

§ 1	Anwendungsbereich	§ 19	Blitzschutzanlagen
§ 2	Begriffe	§ 20	Feuerlöscheinrichtungen, Brandmeldeanlagen und Alarmierungseinrichtungen
§ 3	Tragende Wände, Pfeiler und Stützen		
§ 4	Außenwände	§ 21	Sicherheitsstromversorgungsanlagen
§ 5	Trennwändeanlagen		
§ 6	Brandabschnitte	§ 22	Lage der Verkaufsräume
§ 7	Decken	§ 23	Räume für Abfälle
§ 8	Dächer	§ 24	Gefahrenverhütung
§ 9	Verkleidungen, Dämmstoffe	§ 25	Rettungswege auf dem Grundstück, Flächen für die Feuerwehr
§ 10	Rettungswege in Verkaufsstätten		
§ 11	Treppen	§ 26	Verantwortliche Personen
§ 12	Treppenräume, Treppenraumerweiterungen	§ 27	Brandschutzordnung
		§ 28	Stellplätze für Behinderte
§ 13	Ladenstraßen, Flure, Hauptgänge	§ 29	Zusätzliche Bauvorlagen
§ 14	Ausgänge	§ 30	Prüfungen
§ 15	Türen in Rettungswegen	§ 31	Weitergehende Anforderungen
§ 16	Rauchabführung	§ 32	Übergangsvorschriften
§ 17	Beheizung	§ 33	Ordnungswidrigkeiten
§ 18	Sicherheitsbeleuchtung	§ 34	In-Kraft-Treten

Erläuterungen

Fassung der Musterverordnung

Zur Fassung des Musters »September 1995« ist darauf hinzuweisen, dass die Fachkommission Bauaufsicht das Muster in der 205. Sitzung am 28./   1

---

* Hinweis: Die Verpflichtungen aus der Richtlinie 83/189/EWG des Rates vom 28. März 1983 über ein Informationsverfahren auf dem Gebiet der Normen und technischen Vorschriften (ABl. EG Nr. L 109 S. 8), zuletzt geändert durch die Richtlinie 94/10/EG des Europäischen Parlaments und des Rates vom 23. März 1996 (ABl. EG Nr. L 100 S. 30), sind beachtet worden.

Anwendungsbereich

29. 9. 1995 verabschiedet hat. Sie hat aber in der 206. (7./8. 12. 1995), 211. (5./6. 12. 1996) und 225. (16./17. 12. 1999) Sitzung sich nochmals mit dem Muster befasst und einige kleinere Änderungen beschlossen, die in das vorliegende Muster eingearbeitet worden sind. Die Bezeichnung der Fassung aber ist nicht geändert worden.

Ermächtigungsgrundlagen

2 Die Verkaufsstättenverordnung stützt sich auf die Vorschriften der Bauordnung, die ermächtigen durch Rechtsverordnung Vorschriften zu erlassen über besondere Anforderungen oder Erleichterungen, die sich aus der besonderen Art oder Nutzung baulicher Anlagen für ihre Errichtung, Änderung, Unterhaltung, Betrieb und Benutzung ergeben, sowie über die Anwendung solcher Vorschriften auf bestehende Anlagen dieser Art, siehe § 81 Abs. 1 Nr. 3 MBO. Die Ermächtigung erstreckt sich auch auf Vorschriften über Nachprüfungen (§ 81 Abs. 1 Nr. 4) und über Bauvorlagen, Nachweise und Bescheinigungen (§ 81 Abs. 3). Die Verordnungen über die Tätigkeit von Sachverständigen stützen sich auf § 81 Abs. 8.

Inhaltsverzeichnis

3 Das Inhaltsverzeichnis ist Teil der Verordnung. Sofern der Inhalt der Verordnung als Richtlinie erlassen wird, wie das in einigen Ländern der Fall ist, entfallen die §§ 32 bis 34.

§ 1 Anwendungsbereich

Die Vorschriften dieser Verordnung gelten für jede Verkaufsstätte, deren Verkaufsräume und Ladenstraßen einschließlich ihrer Bauteile eine Fläche von insgesamt mehr als 2000 m² haben.

Erläuterungen

Übersicht	Rdnr.
1. Allgemeines	1
2. Anwendungsbereich	2
3. Andere Verkaufsstätten	7
4. Messebauten	8
5. Gebäudeteile mit Verkaufsstätten	9
6. Weitere Anforderungen	10

7. Andere Vorschriften 12
8. Flächenermittlung 13
9. Abgetrennte Räume 18

1. Allgemeines

Nach früheren Fassungen der Verordnung fielen unter den Anwendungsbereich Waren- und Geschäftshäuser mit mindestens einer Verkaufsstätte bestimmter Größe. Damit blieb immer etwas offen, wie weit die Anforderungen der Verordnung für ein Warenhaus oder Geschäftshaus im Ganzen gelten. Das Muster 1995 stellt nun eindeutig nur auf die Verkaufsstätte ab.

2. Anwendungsbereich

Die Verordnung ist anzuwenden auf Verkaufsstätten, deren Verkaufsräume und Ladenstraßen einschließlich ihrer Bauteile eine Fläche von insgesamt mehr als 2000 m² haben. Der Anwendungsbereich wird ergänzt durch die Begriffe in § 2:

1. Die Verkaufsstätten müssen Gebäude oder Gebäudeteile sein. Die Verkaufsstätte, besonderes in Verbindung mit Ladenstraßen kann auch aus mehreren Gebäuden bestehen.
2. Die Verkaufsstätten müssen ganz oder teilweise dem Verkauf von Waren dienen.
3. Die Verkaufsstätten müssen mindestens einen Verkaufsraum haben.
4. In den Verkaufsräumen sind Waren zum Verkauf oder sonstige Leistungen anzubieten.

Für die Anwendung der Verordnung ist es ohne Bedeutung, wie die Verkaufsräume usw. in den Geschossen verteilt sind, sie können sich ganz im Erdgeschoss, im obersten Kellergeschoss (§ 22) oder in Obergeschossen befinden, die allerdings bis auf Gaststätten nicht über der Hochhausgrenze liegen dürfen (§ 22), d. h. der Fußboden eines Verkaufsraums darf nicht mehr als 22 m über Geländeoberfläche liegen (§ 2 Abs. 3 Satz 2 MBO). Die Verordnung enthält Erleichterungen für erdgeschossige Verkaufsstätten (§ 2 Abs. 2).

Stehen mehrere Verkaufsstätten mittelbar oder unmittelbar miteinander in Verbindung, so sind sie als Einheit zu behandeln, auch wenn sie einzeln die Fläche von 2000 m² nicht überschreiten; maßgebend ist die Fläche insgesamt.

Die Anforderungen der Verordnung, insbesondere die der Sicherheit dienenden Anlagen, Vorrichtungen und Einrichtungen sowie die Betriebs-

Anwendungsbereich

6 vorschriften, rechtfertigen es, erst Verkaufsstätten, die die oben genannte Flächen haben, dem Anwendungsbereich der Verordnung zu unterwerfen. Die Anforderungen in den einzelnen Vorschriften unterscheiden, ob die Verkaufsstätten mit Sprinkleranlagen versehen sind oder nicht.

3. Andere Verkaufsstätten

7 Von Verkaufsstätten, die nicht unter den Anwendungsbereich der Verordnung fallen, weil die o. a. Fläche weniger als 2000 m^2 beträgt, können nach den Gegebenheiten des Einzelfalls ebenfalls Gefahren für die öffentliche Sicherheit und Ordnung ausgehen, somit können sie bauliche Anlagen besonderer Art und Nutzung sein (siehe § 51 Abs. 2 Nr. 2 MBO), an die besondere Anforderungen gestellt werden können. Das können z. B. Gebäude sein, in denen Verkaufsstätten an inneren Passagen aufgereiht sind.

4. Messebauten

8 Ausgenommen aus dem Anwendungsbereich der Verordnung sind aufgrund des Begriffs für Verkaufsstätten in § 2 Abs. 1 Nr. 3 Messebauten. Diese sind bauliche Anlagen besonderer Art und Nutzung, für die die besonderen Anforderungen im Einzelfall zu stellen sind.

5. Gebäudeteile mit Verkaufsstätten

9 Die Vorschriften der Verordnung befassen sich zwar nur mit der Verkaufsstätte als solcher, es ist aber zu berücksichtigen, dass Verkaufsstätten nicht nur Gebäude sein können, die allein einer Nutzung dienen, die unter den Anwendungsbereich der Verordnung fällt, sondern auch Teile von Gebäuden sein können, deren Hauptnutzung eine andere ist. In diesem Fall werden von den Vorschriften der Verordnung nur die Gebäudeteile erfasst, die, abgesehen von der Verkaufsstätte, der Führung der Kunden und des Personals bis ins Freie dienen sowie der Feuerwehr Lösch- und Rettungsarbeiten ermöglichen.

6. Weitere Anforderungen

10 Die Verkaufsstättenverordnung regelt die Anforderungen an die Anlagen, die ihrem Anwendungsbereich unterliegen, nicht abschließend. Wenn sich aus der Verordnung nichts anderes ergibt, gelten die allgemeinen Vorschriften der Bauordnung. Ein besonderes Beispiel hierfür sind die Vor-

schriften in § 52 MBO über bauliche Maßnahmen für besondere Personengruppen. Die Fassung 1977 der Verordnung enthielt eine mit der Bauordnung fast inhaltsgleiche Vorschrift, auf die dann in der Fassung 1995 verzichtet wurde (abgesehen von § 28: Stellplätze für Behinderte). Verkaufsstätten sind in jedem Fall Bauvorhaben, für die solche Maßnahmen zu treffen sind. Sie sind deshalb auch in § 52 Abs. 2 Nr. 1 MBO aufgeführt.

Soweit einschlägig sind auf Verkaufsstätten die Vorschriften der Versammlungsstättenverordnung, der Gaststättenbauverordnung und der Garagenverordnung anzuwenden.

7. Andere Vorschriften

Unberührt bleiben weitergehenden Anforderungen, die sich aus anderen Bereichen ergeben können, z. B. aus dem Arbeitsschutz (Arbeitsstättenverordnung, Unfallverhütungsvorschriften, insbesondere der Berufsgenossenschaft für den Einzelhandel), so z. B. über Luftraum und lichte Raumhöhe der Verkaufsräume oder über Sanitär- und Personalräume. Die Größe einer Verkaufsstätte kann natürlich auch eingeschränkt werden durch städtebauliche Vorgaben aufgrund einer Bauleitplanung.

8. Flächenermittlung

Abgesehen vom Begriff der Verkaufsstätte wird der Anwendungsbereich der Verordnung bestimmt durch die Größe der Verkaufsstätte. Die Musterfassung 1995 geht von einer Fläche der Verkaufsräume und Ladenstraßen von insgesamt mehr als 2000 m^2 aus. Daraus ergibt sich eine Verschärfung gegenüber früher, wo nur die Nutzflächen der Verkaufsräume und die Flächen der Ladenstraßen überhaupt nicht zählten. Dazu kommt, dass aufgrund der Begriffsbestimmung in § 2 Abs. 3 mehr Räume zu den Verkaufsräumen gehören.

Zu den Verkaufsräumen gehören nicht nur die Räume, in denen Waren zum Verkauf oder sonstige Leistungen angeboten werden, sondern auch die dem Kundenverkehr dienenden Räume (z. B. Ausstellungsräume, Vorführräume, Beratungsräume, Sanitärräume), ausgenommen Treppenräume notwendiger Treppen und Treppenraumerweiterungen. Hieraus ist zu schließen, dass von den sonstigen Rettungswegen zumindest die Flure im Verkaufsbereich vom Begriff für Verkaufsräume mit erfasst werden. Zur Verkaufsstätte gehören auch Personalräume, Büroräume, Lagerräume, sofern sie mit den anderen Räumen der Verkaufsstätte mittelbar oder unmittelbar verbunden sind. Deren Flächen sind nicht den Flächen zuzuzählen, da sie

Anwendungsbereich

nicht von dem Begriff für Verkaufsräume erfasst werden. Dasselbe gilt für Freiflächen.

15   Ladenstraßen sind bei der Ermittlung der Nutzflächen mitzuzählen, weil die Ladenstraßen – anders als bisher – nicht mehr von den Verkaufsräumen abgetrennt sein müssen. In Ladenstraßen, die breiter sind als nach § 13 Abs. 1 gefordert wird, dürfen außerdem auch Waren zum Verkauf angeboten werden.

16   Die Flächen der Bauteile der Verkaufsräume und Ladenstraßen zählen bei der Ermittlung mit, d. h. sie werden mit übermessen. Bauteile sind vor allem Wände, Schächte. Genau genommen sind auch die äußeren Begrenzungen der Verkaufsräume und Ladenstraßen zu berücksichtigen. Damit wird die Ermittlung der Flächen erleichtert, weil alles übermessen werden kann, es bedeutet aber auch eine gewisse Verschärfung.

17   Zur Berechnung der Fläche kann die Norm DIN 277 – Grundflächen und Rauminhalte – herangezogen werden.

9. Abgetrennte Räume

18   In Verkaufsstätten werden häufig wertvollere Waren wie z. B. Schmuck oder Uhren, die sonst nur in Fachgeschäften angeboten werden, in getrennten Räumen verkauft. Sind diese Räume von den anderen zum Betrieb gehörenden Räumen durch feuerbeständige Wände und Decken getrennt, so gehören sie nicht zur Verkaufsstätte – weil sie mit dieser nicht in Verbindung stehen – und werden nicht der Fläche zugerechnet. Die Räume dürfen aber mit der Verkaufsstätte nicht durch Öffnungen in den Wänden, auch nicht durch Sicherheitsschleusen verbunden sein.

19   Nicht zur Fläche zählen auch abgetrennte, selbständige Schaufensterräume; in oder an den Verkaufsräumen liegende Flächen oder Einbauten dagegen schon.

§ 2 Begriffe

(1) Verkaufsstätten sind Gebäude oder Gebäudeteile, die
1. ganz oder teilweise dem Verkauf von Waren dienen,
2. mindestens einen Verkaufsraum haben und
3. keine Messebauten sind.

Zu einer Verkaufsstätte gehören alle Räume, die unmittelbar oder mittelbar, insbesondere durch Aufzüge oder Ladenstraßen, miteinander in Verbindung stehen; als Verbindung gilt nicht die Verbindung durch

Treppenräume notwendiger Treppen sowie durch Leitungen, Schächte und Kanäle haustechnischer Anlagen.

(2) Erdgeschossige Verkaufsstätten sind Gebäude mit nicht mehr als einem Geschoss, dessen Fußboden an keiner Stelle mehr als 1 m unter der Geländeoberfläche liegt; dabei bleiben Treppenraumerweiterungen sowie Geschosse außer Betracht, die ausschließlich der Unterbringung haustechnischer Anlagen und Feuerungsanlagen dienen.

(3) Verkaufsräume sind Räume, in denen Waren zum Verkauf oder sonstige Leistungen angeboten werden oder die dem Kundenverkehr dienen, ausgenommen Treppenräume notwendiger Treppen, Treppenraumerweiterungen sowie Garagen. Ladenstraßen gelten nicht als Verkaufsräume.

(4) Ladenstraßen sind überdachte oder überdeckte Flächen, an denen Verkaufsräume liegen und die dem Kundenverkehr dienen.

(5) Treppenraumerweiterungen sind Räume, die Treppenräume mit Ausgängen ins Freie verbinden.

Erläuterungen

Übersicht

	Rdnr.
1. Verkaufsstätten	1
2. Erdgeschossige Verkaufsstätten	17
3. Verkaufsräume	22
4. Ladenstraßen	30
5. Treppenraumerweiterungen	37

1. Verkaufsstätten

Verkaufsstätten sind nach Abs. 1 Gebäude oder Gebäudeteile insbesondere mit Verkaufsräumen und Ladenstraßen bestimmter Fläche. Bestandteil einer Verkaufsstätte sind außerdem alle weiteren Räume, die mit den vorgenannten mittelbar oder unmittelbar in Verbindung stehen, abgesehen von einigen Ausnahmen. 1

Bei Verkaufsstätten muss es sich um Gebäude oder Gebäudeteile handeln, siehe die Begriffsbestimmung in § 2 Abs. 2 MBO, wonach Gebäude selbständig benutzbare, überdeckte bauliche Anlagen sind, die von Menschen betreten werden können und geeignet oder bestimmt sind, dem Schutz von Menschen, Tieren oder Sachen zu dienen. 2

Ein Verkauf im Freien fällt zwar nach den Begriffen nicht unter den Anwendungsbereich der Verordnung (z. B. ein Jahrmarkt), es gehören aber zu manchen Verkaufsstätten Freiflächen z. B. für den Verkauf von Baustoffen 3

Begriffe

oder Gartenartikeln. Diese Freiflächen können in der Regel nur über die Verkaufsstätte betreten werden, sodass diese Flächen zumindest in das Rettungswegskonzept einbezogen werden müssen. Die Flächen der Freiflächen gehören jedoch nicht zu den Flächen nach § 1, da sie nicht Flächen von Verkaufsräumen oder Ladenstraßen sind.

4 Um ein Gebäude oder Gebäudeteil handelt es sich auch, wenn der Verkauf auf einer Fläche stattfindet, die nur überdeckt ist, also z. B. mit einem Dach auf Stützen versehen ist. Solche überdachte Verkaufsflächen gibt es häufig in Verbindung mit Freiflächen (siehe z. B. Gartencenter). Umfassungswände sind nicht ein notwendiges Merkmal eines Gebäudes.

5 Eine Verkaufsstätte muss ganz oder teilweise dem Verkauf von Waren dienen (Abs. 1 Satz 1 Nr. 1). Diese Festlegung ist notwendig, weil nach der Begriffsbestimmung für Verkaufsräume in Abs. 3 Verkaufsräume auch Räume sein können, in denen nicht Waren zum Verkauf angeboten werden, sondern sonstige Leistungen. Ein Gebäude oder Gebäudeteil auch entsprechender Größe, in dem nur Dienstleistungen aller Art angeboten werden, würde nicht unter den Anwendungsbereich der Verordnung fallen (z. B. ein Servicecenter).

6 Andererseits ergibt sich aus der Forderung, dass die Verkaufsstätte mindestens teilweise dem Verkauf von Waren dienen muss, dass hierfür ein Verkaufsraum gegeben sein muss.

7 Der Verkauf von Waren macht den Raum, in dem sie angeboten werden, zum Verkaufsraum. Die Verordnung regelt jedoch nicht den Fall, dass in einem Raum nur einmalig oder wiederkehrend, aber in größeren Zeitabständen Waren zum Verkauf angeboten werden (z. B. ein Flohmarkt); sie geht davon aus, dass die Nutzung eine solche auf Dauer ist.

8 Die Regel ist, dass Verkaufsstätten nicht nur Räume enthalten, die dem Verkauf von Waren dienen, sondern auch Räume, in denen Leistungen (Gaststätten, Reisebüros, Friseurgeschäfte usw.) angeboten werden.

9 Zu einer Verkaufsstätte gehören nach Abs. 1 Satz 2 ferner alle Räume, die unmittelbar oder mittelbar mit den Verkaufsräumen verbunden sind, z. B. Ausstellungsräume, Erfrischungsräume, Vorführräume und Beratungsräume, auch Sanitär- und Sozialräume (die in früheren Fassungen der Verordnung z. T. eigens aufgeführt wurden).

10 Verkaufsräume sind mit sonstigen Nutzräumen oder Nebenräumen unmittelbar verbunden, wenn diese aneinandergrenzen und durch Öffnungen verbunden sind. Eine mittelbare Verbindung wäre z. B. eine über Flure, Aufzüge oder Ladenstraßen, was die Verordnung in der Begriffsbestimmung eigens ausdrückt.

11 Als Verbindung gilt nicht die Verbindung durch Treppenräume notwendiger Treppen sowie durch Leitungen, Schächte und Kanäle haustechnischer Anlagen. Bei Verkaufsräumen in mehreren Geschossen werden in der Regel die Geschosse nicht nur durch Treppenräume notwendiger Treppen,

sondern durch offene Treppe, Fahrtreppen (Rolltreppen) und Aufzüge verbunden (siehe § 7 Abs. 3). Unter die Schächte haustechnischer Anlagen fallen nicht Aufzugsschächte.

Lagerräume gehören ebenfalls zu den Räumen einer Verkaufsstätte, wenn sie mit den Verkaufsräumen unmittelbar oder mittelbar verbunden sind. Liegen sie z. B. in einem Kellergeschoss oder obersten Geschoss und sind sie mit den anderen Geschossen nicht nur durch Treppenräume notwendiger Treppen, sondern auch durch Aufzüge verbunden, so besteht nach Abs. 1 Satz 2 erster Halbsatz eine mittelbare Verbindung. 12

Ein Sonderfall sind jedoch Regallager, die zugleich dem Verkauf dienen, in denen also in der Regel die Kunden selbständig die Waren heraussuchen. Für diese Räume gelten vorrangig die Vorschriften über Verkaufsräume mit der Möglichkeit weitergehende Anforderungen nach § 31 zu stellen, siehe die Rdnrn. 5 ff. der Erl. zu § 31. 13

Die Fassung 1995 enthält keine Erleichterungen mehr für Verkaufsstätten mit geringem Kundenverkehr. Damit waren solche gemeint, in denen Waren verkauft werden, die nicht dem täglichen Bedarf dienen und zugleich größere Abmessungen aufweisen, wie z. B. in Einrichtungshäusern oder Autoverkaufsstätten, sodass unterstellt wurde, dass nur ein geringer Kundenverkehr zu erwarten sei. Es erscheint aber nach den Erfahrungen der Praxis nicht sinnvoll, von bestimmten Anforderungen generell abzuweichen, da – neben der Problematik der Abgrenzung – bereits Änderungen im Verkaufskonzept oder im Warensortiment auch ohne jede bauliche Maßnahme zu einem veränderten Kundenverkehr führen kann, was vom Betreiber der Verkaufsstätte in aller Regel nicht als bauordnungsrechtlich relevante Nutzungsänderung aufgefasst wird. Im Übrigen kann den Anforderungen beim Neubau ohne Schwierigkeiten entsprochen werden – nachträglich wären sie in der Regel mit erheblichen Bauaufwand verbunden. 14

Keine Verkaufsstätten sind Messebauten (Abs. 1 Satz 1 Nr. 3), wobei zwar Messen vorrangig Ausstellungszwecken dienen, also vom Begriff her nicht dem Verkauf von Waren, was aber nicht ausschließt, dass auf Messen Waren verkauft werden, ja sogar direkt als Verkaufsmessen bezeichnet werden. Messebauten sind bauliche Anlagen besonderer Art und Nutzung die zwar in § 51 Abs. 2 MBO nicht unmittelbar aufgeführt werden, die aber zumindest nach § 51 Abs. 2 Nr. 7 MBO als bauliche Anlagen von größerer Ausdehnung und erhöhter Brandgefahr anzusehen sind, für die nach § 51 Abs. 1 MBO Anforderungen gestellt werden können. In einigen Landesbauordnungen sind Messe- und Ausstellungsbauten als Sonderbauten besonders genannt (siehe z. B. Art. 2 Abs. 4 Satz 2 Nr. 5 BayBO). 15

In früheren Fassungen der Verordnung sind bei der Begriffsbestimmung für Verkaufsstätten diese als Betriebe des Einzelhandels oder des Großhandels mit Verkaufsräumen bezeichnet worden. Beispielhaft sind Kaufhäuser, Warenhäuser, Gemeinschaftswarenhäuser, Supermärkte, Verbrau- 16 chermärkte und Selbstbedienungsgroßmärkte aufgeführt worden. Für den Anwendungsbereich spielen jedoch die Rechtsform und die Bezeichnung der Verkaufsstätte keine Rolle. Auf die Begriffe Warenhaus oder Geschäftshaus wurde deshalb verzichtet.

17 Maßgeblich ist, dass zumindest zum Teil Waren, gleich an welchen Personenkreis verkauft werden. Gebäude mit Lagerräumen, die keinen Kundenverkehr aufweisen, fallen somit nicht unter den Anwendungsbereich (z. B. Großhandelslager).

2. Erdgeschossige Verkaufsstätten

18 Erdgeschossige Verkaufsstätten sind nach Abs. 2 Gebäude, bei denen die Verkaufsräume und Ladenstraßen einschließlich der zugehörigen Nebenräume

1. nur in einem Geschoss liegen,
2. dessen Fußboden an keiner Stelle mehr als 1 m unter der Geländeoberfläche liegt

Bei unterschiedlichen Geländeanschnitten wird das Maß zur Fußbodenoberkante nicht gemittelt, sondern es ist von der ungünstigsten Stelle auszugehen.

19 Dabei bleiben Treppenraumerweiterungen sowie Geschosse (Kellergeschosse, Obergeschosse oder Dachgeschosse) außer Betracht, sofern sie ausschließlich der Unterbringung haustechnischer Anlagen dienen (z. B. Heizräume, Lüftungszentralen, Sprinklerzentralen, Aufzugsmaschinenräume, Räume für elektrische Anlagen). Das gilt auch bei Gebäuden mit Flachdächern oder flachgeneigten Dächern für Dachaufbauten.

20 In einer erdgeschossigen Verkaufsstätte, für die die Erleichterungen in den folgenden Vorschriften beansprucht werden, sind Galerien oder ähnliche Einbauten, auch für den Verkauf möglich, wenn sie mit dem Hauptraum in offener Verbindung stehen, der Fläche nach nur untergeordnet sind und somit nicht als Geschoss angesehen werden können. Keine erdgeschossige Verkaufsstätte wäre dagegen z. B. eine mit (zusätzlichen) Verkaufsräumen im Kellergeschoss.

21 Die Begriffsbestimmung in Abs. 2 deckt sich wegen der üblichen Geschosshöhe einer Verkaufsstätte mit dem Begriff des Oberirdischen Geschosses in § 2 Abs. 8 MBO, wonach oberirdische Geschosse solche sind, deren Deckenoberkante im Mittel mehr als 1,4 m über die festgelegte Geländeoberfläche hinausragt. Es ist in diesem Zusammenhang darauf hinzuweisen, dass die meisten Landesbauordnungen den Begriff des oberirdischen Geschosses nicht kennen und beim Begriff für das Vollgeschoss davon ausgehen, dass dieses vollständig über der Geländeoberfläche liegt, an-

sonsten handelt es sich um ein Kellergeschoss (siehe z. B. Art. 2 Abs. 5 BayBO).
Für erdgeschossige Verkaufsstätten enthalten die meisten Vorschriften Erleichterungen, z. B. in § 3 Satz 2, § 4 Nr. 3, § 6 Abs. 1 Nrn. 1 und 3, § 7 Abs. 1 Satz 2, § 8 Abs. 1 Nrn. 1 und 2, § 9 Abs. 1 Nr. 1. Bisher waren hier Ausnahmen vorgesehen, die im Vollzug unterschiedlich ausgelegt wurden. 22

3. Verkaufsräume

Der Begriff des Verkaufsraums nach Abs. 3 ist sehr umfassend ausgestaltet worden. Ihm kommt vor allem in Hinblick auf § 1 besondere Bedeutung zu. 23

Verkaufsräume sind

1. Räume, in denen Waren zum Verkauf angeboten werden, wobei es unbeachtlich ist, ob eine Ware vom Käufer nach dem Kaufvorgang unmittelbar mitgenommen oder nur bestellt werden kann, z. B. bei dem Kauf von Möbeln oder Kraftfahrzeugen; 24
2. Räume, in denen sonstige Leistungen angeboten werden. Sonstige Leistungen sind vorrangig Dienstleistungen aller Art, die in der Regel in größeren Verkaufsstätten oder in Verkaufsräumen an Ladenstraßen angeboten werden. Das können sein z. B. Friseurgeschäfte, Reisebüros, Fitnesräume, ferner Cafeterias, Gaststätten; 25
3. Räume, die dem Kundenverkehr dienen. Das sind zunächst Räume, die als Nebenräume zu den Verkaufsräumen anzusehen sind, z. B. Ausstellungsräume, Vorführräume, Beratungsräume, Kinderspielräume, Sanitärräume, Kundenbüros, Schaufensterräume. 26
4. Räume, die ebenfalls dem Kundenverkehr dienen, aber keine Nutzräume sind, sondern insbesondere notwendige oder nichtnotwendige Flure im Verkaufsbereich. Das ergibt sich im Umkehrschluss aus der Ausnahme für Treppenräume notwendiger Treppen und Treppenraumerweiterungen. Nach der Begründung zur Verordnung gelten darum Flure als Verkaufsräume, weil sie (mit diesen) mit verhältnismäßig leichtem Aufwand verändert werden können. Dem Kundenverkehr dienen ferner offene Treppen und Fahrtreppen (Rolltreppen). Auch diese Flächen sind der Fläche nach § 1 zuzurechnen (in der Fassung 1977 der Verordnung sind bei der Begriffsbestimmung für Verkaufsräume Rettungswege und Sanitärräume ausgenommen worden). Dagegen sind die Flächen der weiteren Rettungswege, die bis auf eine öffentliche Verkehrsfläche führen, nicht hinzuzuzählen. 27

28 Die Begriffsbestimmung für den Verkaufsraum entfernt sich allerdings dadurch, dass so viele unterschiedliche Räume den Verkaufsräumen zugeschlagen werden, vom allgemeinen Sprachgebrauch. Landläufig wird unter einem Verkaufsraum nur der Raum verstanden, in dem Waren zum Verkauf angeboten werden (sozusagen ein Verkaufsraum im engeren Sinn). Bei manchen Vorschriften besteht der Eindruck, dass nur ein solcher Raum gemeint ist.

29 Die Größe der Verkaufsräume einschließlich aller zugehörigen Räume wird begrenzt durch die Größe der Brandabschnitte nach § 6 und die zulässigen Längen der Rettungswege nach § 10.

30 Ladenstraßen gelten nicht als Verkaufsräume. Das schließt nicht aus, dass bei genügender Breite einer Ladenstraße auf Flächen, die nicht als Rettungswege dienen, Waren zum Verkauf angeboten werden.

4. Ladenstraßen

31 Die Anforderungen an Ladenstraßen sind nicht mehr wie früher zusammengefasst, sondern ergeben sich aus den jeweiligen Vorschriften, weil die Ladenstraßen mit den Verkaufsräumen heute zumeist ein zusammenhängendes Gefüge in einer Verkaufsstätte bilden. Zur Verkaufsstätte gehören nicht nur die Verkaufsräume, sondern auch die Ladenstraßen (abgesehen von weiteren Räumen).

32 Ladenstraßen sind überdachte oder überdeckte Flächen, an denen Verkaufsräume liegen und die dem Kundenverkehr dienen (Abs. 4). Ladenstraßen liegen zwar überwiegend auf Erdgeschossebene, sie können aber auch in einem Untergeschoss (Kellergeschoss, siehe aber § 22) oder einem Obergeschoss liegen oder mehrgeschossig sein (dann meist mit großen Öffnungen).

33 Ladenstraßen erschließen eine kleinere oder größere Zahl von Verkaufsstätten mit Verkaufsräumen unterschiedlicher Größe (vom Einzelhandelsgeschäft bis zum Kaufhaus, gemischt mit Betrieben für Dienstleistungen, Gaststätten usw.). Ladenstraßen können nicht nur in oder an einem Gebäude liegen, sondern auch mehrere Gebäude mit Verkaufsstätten zusammenfassen.

34 Verkaufsstätten an Ladenstraßen können allein bereits eine Größe der Nutzflächen aufweisen, dass sie unter den Anwendungsbereich der Verordnung fallen, doch ist das nicht maßgebend, weil die Flächen der Verkaufsräume mit denen der Ladenstraße zusammengezählt werden.

35 Ladenstraßen müssen überdacht oder überdeckt sein, sodass sie unter den Begriff für Gebäude fallen. Das gilt auch für Ladenstraßen, deren Überdachung (z. B. bei schönem Wetter) ganz oder teilweise geöffnet werden kann, d. h. auch diese Ladenstraßen fallen unter den Anwendungsbe-

reich der Verordnung. Werden dagegen (ähnliche) Erschließungsflächen für Verkaufsstätten nicht überdacht, so handelt es sich um (offene) Verkehrsflächen; die anliegenden Verkaufsstätten müssen dann die nach der Bauordnung geforderten Abstandsflächen vor Außenwänden einhalten.

Ladenstraßen müssen dem Kundenverkehr dienen. Dazu gehören auch die Zugänge und Ausgänge von und zu den öffentlichen Verkehrsflächen. Flächen, die nur der Anlieferung dienen, sind keine Ladenstraßen. 36

Die Größe der Ladenstraßen wird bestimmt durch die Anforderungen an Brandabschnitte (§ 6) und Rettungswege (§ 10). 37

5. Treppenraumerweiterungen

Der Normalfall sollte sein, dass Treppenräume Ausgänge haben, die unmittelbar ins Freie führen. Bei größeren Anlagen lässt sich das meist nicht verwirklichen. Die Verordnung erlaubt daher Treppenraumerweiterungen, das sind Räume, die Treppenräume mit Ausgängen ins Freie verbinden. Unter Treppenraumerweiterungen fallen auch die sog. gesicherten Flure oder Rettungstunnels. Nach § 12 Abs. 3 Satz 2 sind diese mit einer Länge bis zu 35 m zulässig. 38

§ 3 Tragende Wände, Pfeiler und Stützen

Tragende Wände, Pfeiler und Stützen müssen feuerbeständig, bei erdgeschossigen Verkaufsstätten ohne Sprinkleranlagen mindestens feuerhemmend sein. Dies gilt nicht für erdgeschossige Verkaufsstätten mit Sprinkleranlagen.

Erläuterungen

Übersicht	Rdnr.
1. Allgemeines	1
2. Mehrgeschossige Verkaufsstätten	7
3. Erdgeschossige Verkaufsstätten	12

1. Allgemeines

Die Anforderungen nach den §§ 3 ff. an Baustoffe und Bauteile gelten für die Verkaufsstätte im Ganzen, sofern nicht einzelne Räume angesprochen 1

Bauvorschriften

sind. Sie verschärfen oder ergänzen in der Regel die Vorschriften der Bauordnung (hier vor allem die §§ 25 ff. MBO). Regelt die Verordnung einen Gegenstand nicht, so kann daraus nicht geschlossen werden, dass keine Anforderungen gestellt werden, sondern es gelten dann die einschlägigen Vorschriften der Bauordnung.

2   Die §§ 3 ff. enthalten an zahlreichen Stellen Anforderungen an Baustoffe und Bauteile hinsichtlich ihres Brandverhaltens. Die Verordnung bedient sich allgemeiner Begriffe wie »schwerentflammbar« oder »feuerhemmend« oder »feuerbeständig«. Die Ausführung hierzu ergibt sich aus den eingeführten technischen Baubestimmungen, das ist hier insbesondere die Norm DIN 4102 – Brandverhalten von Baustoffen und Bauteilen –. Sie enthält in ihren Teilen Anforderungen und Prüfverfahren sowie Klassifizierungen. Zu den Nachweisverfahren für Baustoffe und Bauteile im einzelnen siehe die Vorschriften über Bauprodukte der §§ 20 bis 24 c MBO. Die bisherigen deutschen Normen werden in absehbarer Zeit durch harmonisierte Europäische Normen ersetzt werden (siehe z. B. den Entwurf der Norm DIN EN 13 501-2 über die Klassifizierung von Bauprodukten und Bauteilen zu ihrem Brandverhalten).

3   Zur Verkaufsstätte gehören alle Räume, die unmittelbar oder mittelbar miteinander in Verbindung stehen, das sind vor allem die Verkaufsräume, die Ladenstraßen, die zugehörigen Nebenräume und die Rettungswege bis zu den Ausgängen ins Freie.

4   Die Anforderungen in den einzelnen Vorschriften unterscheiden sich wesentlich, ob die Verkaufsstätten
1. mit Sprinkleranlagen versehen oder nicht und
2. mehrgeschossig oder erdgeschossig (§ 2 Abs. 2)
sind.

5   Für alle Verkaufsstätten werden zunächst Sprinkleranlagen verlangt; von dieser Forderung werden dann Erleichterungen gewährt, siehe § 20 Abs. 1 Satz 2.

6   Sprinkleranlagen sind in der Norm DIN 13 489 – Sprinkleranlagen definiert: Eine Sprinkleranlage ist eine ständig betriebsbereite Löschanlage, bei der aus einem ortsfest verlegten Rohrleitungssystem Löschwasser über Sprinkler abgegeben wird. Die Anlage wird automatisch ausgelöst. Sie erkennt, meldet und bekämpft Brände.

2. Mehrgeschossige Verkaufsstätten

7   Die Verordnung kennt den Begriff »mehrgeschossige Verkaufsstätten« nicht, er ergibt sich aber in der praktischen Anwendung dadurch, dass an Verkaufsstätten allgemein Anforderungen gestellt werden, von denen dann

zumeist für erdgeschossige Verkaufsstätten Erleichterungen zugestanden werden.

Nun kann eine Verkaufsstätte auch erdgeschossig sein, aber nicht der Begriffsbestimmung des § 2 Abs. 3 entsprechen, also z. B. in einem Kellergeschoss oder Obergeschoss/Dachgeschoss Verkaufsräume oder zumindest Nebenräume haben, die nicht für haustechnische Anlagen bestimmt sind. In diesem Fall gelten die allgemeinen Anforderungen wie bei den sog. mehrgeschossigen Verkaufsstätten. 8

Übersicht

Wegen des Zusammenhangs folgt eine Übersicht über die Anforderungen hinsichtlich des Brandverhaltens an die einzelnen Bauteile mehrgeschossiger Verkaufsstätten. In Klammer stehen die Kurzbezeichnungen aus der Norm DIN 4102. 9

Tragende Wände usw.	feuerbeständig (F 90-AB)
Nichttragende Außenwände bei Verkaufsstätten	
– ohne Sprinkleranl.	nbr. (A) oder feuerbeständig (F 90-AB)
– mit Sprinkleranl.	schwerentflammb. (B 1) oder feuerbest. (F 90-AB)
Außenwandverkleidungen bei Verk.St.	
– ohne Sprinkleranl.	nichtbrennbar (A)
– mit Sprinkleranl.	schwerentflammb. (B 1)
Trennwände zwischen der Verk.St. und Räumen, die nicht zur Verk.St. gehören	feuerbeständig (F 90-AB)
Trennwände von Lager- und Werkräumen in der Verk.St.	
– ohne Sprinkleranl.	feuerbeständig (F 90-AB)
– mit Sprinkleranl.	ohne Feuerwiderstandsdauer (o. F.)
Wände notwendiger Flure für Kunden in Verk.St.	
– ohne Sprinkleranl.	feuerbest. und nichtbrennbar (F 90-A)
– mit Sprinkleranl.	feuerhemmend und i. d. wesentl. Teilen nichtbrennbar (F 30-AB)
– Wandverkleidungen	nichtbrennbar (A)

Bauvorschriften

Brandabschnitte nach § 6 Abs. 1 Satz 2 Nrn. 2 und 4	BW (F 90-A)
Decken (Rohdecke)	feuerbeständig und nichtbrennb. (F 90-A)
Unterdecken in Räumen nach	
– § 7 Abs. 2 Satz 1	nichtbrennbar (A)
– § 7 Abs. 2 Satz 2	brennbar (B 2)
Deckenverkleidungen	nichtbrennbar (A)
Wände notwendiger Treppenräume und Treppenraumerweiterungen	BW (F 90-A)
– Wand- und Deckenverkleidungen	nichtbrennbar (A)

10 Bei mehrgeschossigen Verkaufsstätten spielt es für die Ausführung der tragenden Bauteile keine Rolle, in welchem Geschoss sich die Verkaufsräume usw. befinden und ob die Verkaufsstätte gesprinklert ist oder nicht. Einschränkungen für die Lage und Größe der Geschosse ergeben sich aus § 6 Abs. 1, § 20 Abs. 1 und § 22.

11 Alle tragenden Bauteile müssen feuerbeständig (F 90-AB) nach § 17 Abs. 3 MBO sein: Sie müssen eine Feuerwiderstandsdauer von mindestens 90 Minuten haben und in den wesentlichen Teilen aus nichtbrennbaren Baustoffen bestehen. Das gilt nicht nur für alle Geschosse, sondern auch für ein Dachgeschoss; für dieses enthält die Verordnung keine besondere Regelung wie in § 46 Abs. 5 MBO. abgesehen von der in § 8 für die Dachhaut und das Dachtragwerk. Die Vorschrift gilt auch für die Ladenstraßen, die zu einer mehrgeschossigen Verkaufsstätte gehören.

3. Erdgeschossige Verkaufsstätten

12 Erdgeschossige Verkaufsstätten sind solche, die der Begriffsbestimmung in § 2 Abs. 2 entsprechen. Ist das nicht der Fall, so gelten die Anforderungen für mehrgeschossige Verkaufsstätten (siehe Rdnr. 8).

Übersicht

13 Es folgt eine Übersicht über die Anforderungen hinsichtlich des Brandverhaltens an die einzelnen Bauteile erdgeschossiger Verkaufsstätten. In Klammer stehen die Kurzbezeichnungen aus der Norm DIN 4102.

Tragende Wände usw. von Verk.St.	
– mit Sprinkleranl.	ohne Feuerwiderstandsdauer (o. F.)
– ohne Sprinkleranl.	feuerhemmend (F 30-B)

– in Geschossen, deren Fußboden an einer Stelle mehr als 1 m unter Geländeoberfl. liegt	feuerbeständig (F 90-AB)
Tragende Außenwände v. Verk.St. mit Sprinkleranl. und nichttragende Außenwände	schwerentflammb. (B 1) oder feuerhemmend (F 30)
Tragende Außenwände v. Verk.St. ohne Sprinkleranl.	feuerhemmend (F 30-B)
Außenwandverkleidungen	schwerentflammb. (B 1)
Trennwände zwischen der Verk.St. und Räumen, die nicht zur Verk.St. gehören	feuerbeständig (F 90-AB)
Trennwände von Lager- und Werkräumen in der Verk.St.	
– ohne Sprinkleranl.	feuerbeständig (F 90-AB)
– mit Sprinkleranl.	ohne Feuerwiderstandsdauer (o. F.)
Wände notwendiger Flure für Kunden in Verk.St.	
– ohne Sprinkleranl.	feuerbest. und nichtbrennbar (F 90-A)
– mit Sprinkleranl.	feuerhemmend und i. d. wesentl. Teilen nichtbrennbar (F 30-AB)
– Wandverkleidungen	nichtbrennbar (A)
Brandabschnitte nach § 6 Abs. 1 Satz 2 Nrn. 1 und 3	BW (F 90-A)
Decken (Rohdecke) in Verk.St.	
– ohne Sprinkleranl.	feuerhemmend und nichtbrennbar (F 30-A)
– mit Sprinkleranl.	nichtbrennbar (A)
– in Geschossen, deren Fußboden an einer Stelle mehr als 1 m unter Geländeoberfl. liegt	feuerbeständig und aus nichtbr. Baustoffen (F 90-A)
Unterdecken in Räumen nach	
– § 7 Abs. 2 Satz 1	nichtbrennbar (A)
– § 7 Abs. 2 Satz 2	brennbar (B 2)
Deckenverkleidungen	nichtbrennbar (A)

Bauvorschriften

Wände notwendiger Treppenräume   BW (F 90-A)
und Treppenraumerweiterungen
– Wand- und Deckenverkleidungen   nichtbrennbar (A)

14   Zu den Anforderungen an tragende Wände ist Folgendes zu bemerken: § 7 Abs. 1 Satz 2 über Decken ist nachträglich dahin geändert worden, dass die Erleichterung bei erdgeschossigen Verkaufsstätten nur für die Geschosse gilt, deren Fußboden an keiner Stelle mehr als 1 m unter der Geländeoberfläche liegt. Das bedeutet zunächst, dass die Decke eines tiefer gelegenen Geschosses nach § 7 Abs. 1 Satz 1 feuerbeständig und aus nichtbrennbaren Baustoffen bestehen muss. Nachdem aber feuerbeständige Decken auch von feuerbeständigen Bauteilen unterstützt werden müssen, wirkt sich das auch auf die tragenden Wände aus, die ebenfalls feuerbeständig sein müssen.

§ 3 müsste dann etwa folgende Fassung bekommen:

15   »Tragende Wände, Pfeiler und Stützen müssen feuerbeständig sein. Tragende Wände, Pfeiler und Stützen in Geschossen, deren Fußboden an keiner Stelle mehr als 1 m unter der Geländeoberfläche liegt, brauchen nur
1. feuerhemmend zu sein in erdgeschossigen Verkaufsstätten ohne Sprinkleranlagen,
2. ohne Feuerwiderstand zu sein in erdgeschossigen Verkaufsstätten mit Sprinkleranlagen.«

16   Die Anforderungen bzw. Erleichterung gelten auch für eine zur Verkaufsstätte gehörende Ladenstraße. Weitere Anforderungen für das Dachtragwerk und die Bedachung ergeben sich aus § 8.

17   Allgemein sollten Räume für haustechnische Anlagen und Feuerungsanlagen nebst den zugehörigen Rettungswegen auch in erdgeschossigen Verkaufsstätten feuerbeständige Wände und Decken haben, zudem diese Anlagen in der Regel nicht gesprinklert werden können.

§ 4 Außenwände

Außenwände müssen bestehen aus
1. nichtbrennbaren Baustoffen, soweit sie nicht feuerbeständig sind, bei Verkaufsstätten ohne Sprinkleranlagen,
2. mindestens schwerentflammbaren Baustoffen, soweit sie nicht feuerbeständig sind, bei Verkaufsstätten mit Sprinkleranlagen,
3. mindestens schwerentflammbaren Baustoffen, soweit sie nicht mindestens feuerhemmend sind, bei erdgeschossigen Verkaufsstätten.

Erläuterungen

Übersicht

	Rdnr.
1. Allgemeines	1
2. Mehrgeschossige Verkaufsstätten	7
3. Erdgeschossige Verkaufsstätten	12

1. Allgemeines

Die Anforderungen in § 4 an Außenwände verschärfen die allgemeinen Vorschriften der Bauordnung (§ 26 Abs. 1 MBO), die erst bei Gebäuden mittlerer Höhe eine nichtbrennbare oder feuerhemmende Ausführung fordern. Sie unterscheiden auch nicht, ob diese tragend oder nichttragend sind. 1

Bei den Anforderungen wurde darauf geachtet, dass ein Nachweis entweder der Feuerwiderstandsdauer der Bauteile oder des Brandverhaltens der Baustoffe erforderlich ist, keinesfalls jedoch beide Nachweise gleichzeitig. 2

Eine echte Wahlmöglichkeit besteht aber nur zum Teil, weil tragende Außenwände zugleich die Anforderungen des § 3 erfüllen müssen, während für nichttragende Außenwände eine Ausführung aus nichtbrennbaren bzw. schwerentflammbaren Baustoffen genügt; ein Bauherr ist natürlich nicht gehindert, statt der Baustoffanforderung auch die Bauteilanforderung zu erfüllen. Die Baustoffanforderung gilt im Übrigen für das ganze Bauteil, nicht nur für die Wandoberfläche. 3

Tragende Pfeiler oder Stützen in Außenwänden werden hinsichtlich des Brandschutzes nicht anders behandelt als tragende Wände sonst. Für die nichttragenden Teile dieser Wände gelten dann die Anforderungen des § 4. Einzelheiten über nichttragende Wandteile wie Ausfachungen, Brüstungen, Vorhangfassaden enthält die Norm DIN 4102 Teil 3. 4

Die Anforderungen an Außenwandverkleidungen ergeben sich aus § 9 Abs. 1. 5

Außenwände als Abschlusswände von Gebäuden sind nach § 28 Abs. 1 Satz 1 Nr. 1 MBO als Brandwände auszubilden. 6

2. Mehrgeschossige Verkaufsstätten

An die Außenwände werden nach § 4 Nrn. 1 und 2 i. V. mit § 3 folgende Anforderungen gestellt: 7

Bauvorschriften

Tragende Außenwände	feuerbeständig (F 90-AB)
Nichttragende Außenwände oder nichttragende Teile bei Verk.Stätten	
– ohne Sprinkleranlagen	nichtbrennbar (A) oder feuerbeständig (F 90-AB)
– mit Sprinkleranlagen	schwerentflammbar (B 1) oder feuerbeständig (F 90-AB)

8   Die Verordnung enthält für nichttragende Außenwände keine Regelung derart, dass auf Anforderungen an die Außenwand selbst verzichtet wird, wenn durch vorkragende Bauteile eine Brandübertragung verhindert wird. Im Einzelfall müsste eine Abweichung zugestanden werden.

9   Ein Feuerüberschlagsweg wie in § 6 Abs. 8 Fassung 1977 wird nicht verlangt, weil es an den Gebäudeseiten, an denen Verkaufsräume liegen, keinen Sinn hat, nachdem bei diesen eine offene Verbindung von Geschossen zulässig und die Regel ist.

10   Anders verhält es sich mit Gebäudeseiten, an denen andere Nutzräume liegen. Hier ist es aufgrund der baulichen Gegebenheiten denkbar, dass weitergehende Anforderungen hinsichtlich des Feuerüberschlagswegs gestellt werden. Ein Brand wird häufig von einem Geschoss ins nächsthöhere über die Außenwand übertragen. Versuche haben ergeben, dass der hier notwendige Abstand, das zu verhindern, in der Regel unterschätzt wird.

11   Die Verordnung enthält – weil anderweitig geregelt – keine Vorschrift mehr wie in § 6 Abs. 9 a. F. über Glaswände. Der Schutz gegen Eindrücken ergibt sich allgemein schon aus § 19 Abs. 1 MBO (Verkehrssicherheit) und § 35 Abs. 2 MBO (Glasflächen) sowie im Einzelnen aus § 8 Abs. 4 Arbeitsstättenverordnung und § 20 Abs. 3 Unfallverhütungsvorschrift VBG 1. Zur Ausführung im Einzelnen siehe die in den Ländern eingeführten technischen Baubestimmungen (z. B. die Norm DIN 1055 Teil 3).

3. Erdgeschossige Verkaufsstätten

12   An die Außenwände werden nach § 4 Nr. 3 i. V. m. § 3 folgende Anforderungen gestellt:

Tragende Außenwände bei Verk.St.	
– ohne Sprinkleranlagen	feuerhemmend (F 30-B)
– mit Sprinkleranlagen	schwerentflammbar (B 1) oder feuerhemmend (F 30-B)
Nichttragende Außenwände oder nichttragende Teile	schwerentflammbar (B 1) oder feuerhemmend (F 30-B)

Tragende Wände erdgeschossiger Verkaufsstätten ohne Sprinkleranlagen müssen nach § 3 Satz 1 mindestens feuerhemmend sein, das gilt auch für eine tragende Außenwand; eine nur schwerentflammbare Ausführung nach § 4 Nr. 3 scheidet damit aus. 13

An tragende Wände erdgeschossiger Verkaufsstätten werden nach § 3 Satz 2 keine Anforderungen gestellt, wenn die Verkaufsstätte gesprinklert ist (o. F.). Sind diese Wände jedoch zugleich Außenwände, so müssen sie nach § 4 Nr. 3 mindestens aus schwerentflammbaren Baustoffen (B 1) bestehen oder mindestens feuerhemmend (F 30-B) sein. Maßgebend ist also die Anforderung, die sich aus der Vorschrift über Außenwände ergibt. 14

§ 5 Trennwände

(1) Trennwände zwischen einer Verkaufsstätte und Räumen, die nicht zur Verkaufsstätte gehören, müssen feuerbeständig sein und dürfen keine Öffnungen haben.

(2) In Verkaufsstätten ohne Sprinkleranlagen sind Lagerräume mit einer Fläche von jeweils mehr als 100 m^2 sowie Werkräume mit erhöhter Brandgefahr, wie Schreinereien, Maler- oder Dekorationswerkstätten, von anderen Räumen durch feuerbeständige Wände zu trennen. Diese Werk- und Lagerräume müssen durch feuerbeständige Trennwände so unterteilt werden, dass Abschnitte von nicht mehr als 500 m^2 entstehen. Öffnungen in den Trennwänden müssen mindestens feuerhemmende und selbstschließende Abschlüsse haben.

Erläuterungen

Übersicht	Rdnr.
1. Allgemeines	1
2. Trennwände zwischen Verkaufsstätte und Räumen, die nicht zur Verkaufsstätte gehören	5
3. Trennwände von Räumen in der Verkaufsstätte	12

1. Allgemeines

Die Anforderungen an Trennwände sind gegenüber dem Muster 1977 z. T. erleichtert (z. B. bei Sprinklerung der Verkaufsstätte), z. T. aber auch verschärft worden (z. B. Flächenbegrenzungen bei Werkräumen und Lagerräumen). Im Ganzen sind die Vorschriften aber vereinfacht worden. 1

Bauvorschriften

2 Unberührt bleiben die Anforderungen an die Wände der Brandabschnitte (§ 8), an Treppenraumwände (§ 12 Abs. 1), an Flurwände (§ 13 Abs. 2 und 3) sowie an Wandverkleidungen (§ 9 Abs. 3).

3 Anforderungen an Trennwände ergeben sich auch aus der Bauordnung oder den Sonderverordnungen, z. B.
   - aus § 5 Abs. 2 MBO (Durchfahrten),
   - aus § 7 FeuV (Heizräume),
   - aus § 5 EltBauV (Betriebsräume für elektrische Anlagen).

4 Siehe ferner z. B. die bauaufsichtlichen Richtlinien über brandschutztechnische Anforderungen an Lüftungsanlagen, die u. a. Lüftungszentralen behandeln.

2. Trennwände zwischen Verkaufsstätte und Räumen, die nicht zur Verkaufsstätte gehören

5 Früher wurden Anforderungen nicht nur an die Trennwände zwischen zum Betrieb gehörenden Räumen und fremden Räumen gestellt (was in etwa der Vorschrift in § 5 Abs. 1 entspricht), sondern auch an die Trennwände zwischen den Verkaufsräumen (im engeren Sinn, siehe Rdnr. 28 der Erl. zu § 2) und sonstigen Räumen, wobei mit sonstigen Räumen solche gemeint waren, die jetzt nach der Begriffsbestimmung ebenfalls als Verkaufsräume gelten.

6 Zugunsten einer flexiblen Raumaufteilung wurde auf die letztere Forderung verzichtet. Die für den Brandschutz notwendige Trennung wird jetzt erreicht durch die Unterteilung in Brandabschnitte.

7 Die Trennwände zwischen der Verkaufsstätte und Räumen, die nicht zur Verkaufsstätte gehören, sind feuerbeständig (F 90-AB) auszuführen. Die Räume, die zu einer Verkaufsstätte gehören, ergeben sich aus § 2 Abs. 1 Satz 2.

8 Die Wände werden in der Regel sogar als Brandwände (F 90-A) auszubilden sein, weil die Grenzen einer Verkaufsstätte zugleich die eines Brandabschnitts sein werden.

9 Die Trennwände dürfen keine Öffnungen haben und sind bis zur Rohdecke oder bis unter die Dachhaut zu führen. Auf die frühere Erleichterung, dass eine Verbindung über Sicherheitsschleusen zu Betriebswohnungen zugelassen wird, ist – weil bedeutungslos – verzichtet worden.

10 Nun gibt es Räume, die mit den Räumen der Verkaufsstätte auch nicht mittelbar verbunden sind, aber trotzdem betrieblich dazugehören, z. B. Lagerräume. Die Trennwände zu diesen Räumen sind ebenfalls feuerbeständig (F 90-AB) auszuführen.

Die Forderung gilt auch für Räume, die an einer Ladenstraße liegen, aber 11
nicht zur Verkaufsstätte gehören.

3. Trennwände von Räumen in der Verkaufsstätte

Keine Anforderungen werden an Trennwände zwischen Verkaufsräumen 12
und zwischen Verkaufsräumen und anderen Räumen gestellt, die zur Verkaufsstätte gehören, soweit es sich nicht um Wände von Räumen nach § 5 Abs. 2 oder Brandwände nach § 6 handelt. Das gilt auch für Trennwände zwischen Verkaufsräumen und Ladenstraßen.

Es ist auch bedeutungslos, ob die Verkaufsräume bei größeren Anlagen 13
zu verschiedenen Nutzungseinheiten gehören. Aus Brandschutzgründen gibt es keine Notwendigkeit, an diese Wände, die baurechtlich nicht erforderlich sind, Anforderungen zu stellen. Ein solches Verlangen wäre auch deshalb fragwürdig, weil sich durch den Einbau von Trennwänden – auch wenn sie keinen Feuerwiderstand aufweisen – Brand- und Rauchausbreitung gegenüber einem ungeteilten Raum in den nach § 6 zulässigen Abmessungen verbessern (aus der Begründung zur Verordnung).

In mehrgeschossigen oder erdgeschossigen Verkaufsstätten ohne Sprink- 14
leranlagen sind nach § 5 Abs. 2 Werkräume mit erhöhter Brandgefahr und Lagerräume mit einer Nutzfläche von jeweils mehr als 100 m^2 durch feuerbeständige Trennwände von anderen Räumen der Verkaufsstätte zu trennen.

Mehrere, nebeneinander liegende Werkräume oder Lagerräume sind au- 15
ßerdem durch feuerbeständige Wände in Abschnitte von nicht mehr als 500 m^2 zusammenzufassen.

In diesen Abschnitten können sowohl Räume mit einer Nutzfläche von 16
nicht mehr als 100 m^2 als auch größere Räume zusammengefasst werden.

In erdgeschossigen Verkaufsstätten nach § 2 Abs. 3 sind solche Werk- 17
räume und Lagerräume in einem Kellergeschoss nicht zulässig.

Öffnungen in diesen Trennwänden müssen mindestens feuerhemmende 18
und selbstschließende Abschlüsse haben.

Es genügt im Übrigen nicht, dass die vorgenannten Räume in Verkaufs- 19
stätten ohne Sprinkleranlagen feuerbeständige Wände haben; auch die Decken sind feuerbeständig auszuführen.

Werkräume mit erhöhter Brandgefahr sind z. B. Schreinereien, Maler- 20
oder Dekorationswerkstätten.

In Verkaufsstätten mit Sprinkleranlagen werden keine Anforderungen an 21
die Trennwände (und damit auch an die Decken) dieser Werkräume und Lagerräume gestellt, was natürlich voraussetzt, dass die Räume in den Sprinklerschutz einbezogen sind und dass dieser ausreicht. Ansonsten müssten Werkräume mit erhöhter Brandgefahr – wie bisher – mit feuerbe-

ständigen Wänden und Decken sowie mindestens feuerhemmenden Türen versehen sein.

§ 6 Brandabschnitte

(1) Verkaufsstätten sind durch Brandwände in Brandabschnitte zu unterteilen. Die Fläche der Brandabschnitte darf je Geschoss betragen in
1. erdgeschossigen Verkaufsstätten mit Sprinkleranlagen nicht mehr als 10 000 m^2,
2. sonstigen Verkaufsstätten mit Sprinkleranlagen nicht mehr als 5000 m^2,
3. erdgeschossigen Verkaufsstätten ohne Sprinkleranlagen nicht mehr als 3000 m^2,
4. sonstigen Verkaufsstätten ohne Sprinkleranlagen nicht mehr als 1500 m^2, wenn sich die Verkaufsstätten über nicht mehr als drei Geschosse strecken und die Gesamtfläche aller Geschosse innerhalb eines Brandabschnitts nicht mehr als 3000 m^2 beträgt.

(2) Abweichend von Absatz 1 können Verkaufsstätten mit Sprinkleranlagen auch durch Ladenstraßen in Brandabschnitte unterteilt werden, wenn
1. die Ladenstraßen mindestens 10 m breit sind,
2. die Ladenstraßen Rauchabzugsanlagen haben und
3. das Tragwerk der Dächer der Ladenstraßen aus nichtbrennbaren Baustoffen besteht und die Bedachung der Ladenstraßen die Anforderungen nach § 8 Abs. 2 Nr. 1 und Abs. 3 Nr. 1 erfüllt.

(3) In Verkaufsstätten mit Sprinkleranlagen brauchen Brandwände abweichend von Abs. 1 im Kreuzungsbereich mit Ladenstraßen nicht hergestellt zu werden, wenn
1. die Ladenstraßen eine Breite von mindestens 10 m über eine Länge von mindestens 10 m beiderseits der Brandwände haben und
2. die Anforderungen nach Abs. 2 Nrn. 2 und 3 in diesem Bereich erfüllt sind.

(4) Öffnungen in den Brandwänden nach Abs. 1 sind zulässig, wenn sie selbstschließende und feuerbeständige Abschlüsse haben. Die Abschlüsse müssen Feststellanlagen haben, die bei Raucheinwirkung ein selbsttätiges Schließen bewirken.

(5) Brandwände sind mindestens 30 cm über Dach zu führen oder in Höhe der Dachhaut mit einer beiderseits 50 cm auskragenden feuerbeständigen Platte aus nichtbrennbaren Baustoffen abzuschließen; darüber dürfen brennbare Teile des Daches nicht hinweggeführt werden.

(6) § 28 Abs. 1 Satz 1 Nr. 1 MBO bleibt unberührt.

Erläuterungen

Übersicht

	Rdnr.
1. Allgemeines	1
2. Verhältnis § 6 MVkVO und § 28 MBO	10
3. Mehrgeschossige Verkaufsstätten	14
4. Erdgeschossige Verkaufsstätten	22
5. Flächenermittlung	24
6. Ladenstraßen	26
7. Brandabschnittsbildung durch Ladenstraßen	33
8. Öffnungen	40
9. Brandwände im Dachbereich	42
10. Gebäudeabschlusswände	45

1. Allgemeines

Von den Vorschriften der Verordnung, die dem Brandschutz dienen, ist § 6 eine wesentliche. Den bauaufsichtlichen Anforderungen, wonach die öffentliche Sicherheit und Ordnung, insbesondere Leben oder Gesundheit nicht gefährdet werden dürfen, stehen die Wünsche der Bauherrn nach Flexibilität und Wirtschaftlichkeit und damit nach freier Grundrissgestaltung und großen zusammenhängenden Nutzflächen entgegen. **1**

Der Sicherheit dienen nicht nur die baulichen Maßnahmen, sondern auch die technischen Einrichtungen und die betrieblichen Vorkehrungen. **2**

Ein Brandabschnitt wird im Regelfall dadurch gebildet, dass ein Gebäude durch durchgehende innere Brandwände in Brandabschnitte unterteilt wird. Der Brandabschnitt erstreckt sich bei mehrgeschossigen Gebäuden unbeschadet der Bauart der Decken über die Geschosse des Gebäudes, wobei die Decken, wenn sie feuerbeständig sind, einen zusätzlichen Schutz bieten. Die Brandwände gehen also vom Fundament bis unter oder sogar über die Dachhaut durch (§ 28 Abs. 4 Satz 1 MBO). Die Bauordnungen legen hierzu die Abstände zwischen den Wänden (Außenwand/Brandwand usw.) fest. Die Größe des jeweiligen Brandabschnitts ergibt sich aus der Summe der Geschossflächen. **3**

Nun können sog. waagerechte Brandabschnitte durch Wände in Verbindung mit öffnungslosen Decken nebst abgeschlossenen Treppenräumen gebildet werden (siehe zu den weiteren Anforderungen § 28 Abs. 4 Satz 2 MBO). Der Brandabschnitt ist gleich dem Geschoss, wobei dessen Fläche nicht unbegrenzt groß sein kann, sondern je nach Nutzung und Brandlast durch Wände zu begrenzen ist. Diese Wände werden z. T. nicht übereinander, sondern geschossweise versetzt angeordnet. **4**

5 In früheren Fassungen der Verordnung wurden zunächst die Abstände zwischen den Brandwänden festgelegt. Die Flächen der Brandabschnitte wurden geschossweise angegeben. In Verkaufsstätten mit Sprinkleranlagen ergab sich die Gesamtfläche des Brandabschnitts (unter Berücksichtigung der Abstände der Brandwände) aus der Summe der einzeln Flächen der Geschosse. In Verkaufsstätten ohne Sprinkleranlagen wurden außerdem – wie jetzt auch – die Geschosszahl und die Gesamtfläche bestimmt.

6 Die Verkaufsstättenverordnung 1995 hat nun folgendes System: In mehrgeschossigen Verkaufsstätten werden Brandabschnitte gebildet, deren Fläche sich aus der Summe der Flächen der (miteinander verbundenen) Geschosse ergibt. Sofern die Verkaufsstätte gesprinklert ist, wird eine Gesamtfläche nicht festgelegt, sondern nur die Fläche je Geschoss. Die offene Verbindung der einzelnen Geschosse wird durch die vollständige Sprinklerung der Verkaufsstätte ausgeglichen. Die Gesamtfläche wird außerdem dadurch eingeschränkt, dass die mögliche Zahl der Verkaufsgeschosse durch die Vorschrift in § 22 begrenzt wird.

7 Bei nicht gesprinklerten Verkaufsstätten werden sowohl die Flächen der einzelnen Geschosse als auch die Gesamtfläche sowie die Geschosszahl bestimmt. Die zulässige Größe der jeweiligen Geschossfläche ist natürlich erheblich geringer, die offene Verbindung zwischen den Geschossen ist begrenzt (§ 7 Abs. 3 Satz 2 Nr. 2).

8 Die Zahl der Brandabschnitte vergrößert sich u. U. dadurch, dass nicht mehr auf die Nutzfläche der Verkaufsräume, sondern auf die Gesamtfläche der Verkaufsstätte abgestellt wird, wobei sich außerdem auch der Begriff für die Verkaufsräume nach § 2 Abs. 3 geändert hat.

9 Besonders geregelt ist die Unterteilung von Verkaufsstätten durch Ladenstraßen in Brandabschnitte, weil diese nicht in das übliche Schema passen (§ 6 Abs. 2 und 3).

2. Verhältnis § 6 MVkVO und § 28 MBO

10 Zum Verhältnis des § 6 der Verordnung zu § 28 MBO über Brandwände ist Folgendes zu bemerken:
§ 6 Abs. 1 ersetzt nicht nur § 28 Abs. 1 Satz 1 Nr. 2 MBO, soweit es sich um die Unterteilung ausgedehnter Gebäude handelt, sondern wohl auch § 28 Abs. 4 Satz 2 MBO über die Bildung waagerechter Brandabschnitte.
§ 6 Abs. 4 und 5 entsprechen in etwa § 28 Abs. 6 Satz 1 und Abs. 8 MBO.
Nach § 6 Abs. 6 bleibt § 28 Abs. 1 Satz 1 Nr. 1 MBO über Gebäudeabschlusswände unberührt.

Nicht einschlägig sind § 28 Abs. 1 Satz 1 Nr. 3 und Satz 2 sowie Abs. 2 MBO (Wohngebäude usw.).

Anzuwenden sind § 28 Abs. 3 (Ausführung der Brandwände), Abs. 5 (Brandwände über Eck), Abs. 7 (brennbare Baustoffe usw.), Abs. 9 (lichtdurchlässige Teilflächen) MBO. Brandwände müssen feuerbeständig sein und aus nichtbrennbaren Baustoffen bestehen. Sie dürfen bei einem Brand ihre Standsicherheit nicht verlieren und müssen die Verbreitung von Feuer auf andere Gebäude oder Gebäudeabschnitte verhindern. Siehe im Einzelnen die Norm DIN 4102 Teile 3 und 4. 11

Bei aneinandergereihten Gebäuden auf demselben Grundstück (also Zusammenbau einer Verkaufsstätte mit einem fremden Gebäude) nach § 28 Abs. 1 Satz 1 Nr. 2 MBO sollten die Gebäude durch Brandwände getrennt sein. 12

Offen bleibt, ob die Brandwände, die letztenendes die Brandabschnitte begrenzen, nach § 28 Abs. 4 Satz 1 MBO durchgehend sein müssen, oder ob bei versetzten Wänden die Decken dazwischen zumindest keine Öffnungen aufweisen dürfen. 13

3. Mehrgeschossige Verkaufsstätten

Die Verkaufsstätten sind durch Brandwände in Brandabschnitte zu unterteilen. Die Fläche der Brandabschnitte darf nach § 6 Abs. 1 Nrn. 2 und 4 je Geschoss betragen in Verkaufsstätten 14

– mit Sprinkleranlagen nicht mehr als 5000 m^2,
– ohne Sprinkleranlagen nicht mehr als 1500 m^2, wenn sich die Verkaufsstätten über nicht mehr als drei Geschosse erstrecken und die Gesamtfläche aller Geschosse innerhalb eines Brandabschnitts nicht mehr als 3000 m^2 beträgt.

Die Vorschrift des § 6 Abs. 1 stellt auf die Verkaufsstätte im Ganzen ab und nicht mehr wie früher auf die Verkaufsräume. Zu der Verkaufsstätte gehören nach § 2 Abs. 1 Satz 2 alle Räume, die unmittelbar oder mittelbar, insbesondere durch Aufzüge und Ladenstraßen verbunden sind. Die wesentlichen Flächen sind zwar die der Verkaufsräume und der Ladenstraßen, es zählen aber auch alle die der sonstigen Räume mit, die zur Verkaufsstätte gehören. 15

Die Räume einer mehrgeschossigen Verkaufsstätte können in allen Geschossen eines mehrgeschossigen Gebäudes liegen (also Verkaufsräume, Personalräume, Lager- und Werkräume, Heizräume, Lüftungszentralen usw.). Soweit es sich jedoch um Räume nach § 2 Abs. 3 (Verkaufsräume) handelt, dürfen diese (ausgenommen Gaststätten) mit ihrem Fußboden nicht mehr als 22 m über der Geländeoberfläche liegen. Verkaufsräume 16

Bauvorschriften

schlechthin dürfen mit ihrem Fußboden nicht mehr als 5 m unter der Geländeoberfläche liegen (§ 22). Bei Ladenstraßen wird zwar davon ausgegangen, dass sie erdgeschossig liegen, was aber nicht ausschließt, dass Teile auch in einem Kellergeschoss oder einem Obergeschoss liegen.

17 Von erheblicher Bedeutung für die Brandabschnitte ist die Vorschrift in § 7 Abs. 3 Satz 2, die die Öffnungen in Decken zwischen Verkaufsräumen, zwischen Verkaufsräumen und Ladenstraßen und zwischen Ladenstraßen regelt:

- In Verkaufsstätten mit Sprinkleranlagen sind in den o. a. Decken allgemein Öffnungen (ohne Größenbegrenzung) zulässig, nicht nur für nicht notwendige Treppen und Fahrtreppen.
- In Verkaufsstätten ohne Sprinkleranlagen sind in den o. a. Decken nur Öffnungen für nicht notwendige Treppen und Fahrtreppen zulässig. Unberührt bleiben notwendige Treppen in Treppenräumen.

18 Mehrgeschossige Verkaufsstätten, die mit einer Ladenstraße verbunden sind, sind im Ganzen zu behandeln; es kann nicht die Ladenstraße für sich als erdgeschossige Verkaufsstätte betrachtet werden.

19 Die Zahl der Geschosse einer Verkaufsstätte ist zwar nicht begrenzt, doch können aufgrund der Einschränkung durch § 22 sich nur in etwa sechs Geschossen Verkaufsräume befinden. Eine Verkaufsstätte kann auch allein in einem Geschoss liegen, meist wird es dann das Erdgeschoss oder das Kellergeschoss sein.

20 Unter dem hier verwendeten Hilfsbegriff »mehrgeschossige Verkaufsstätte« können auch Verkaufsstätten fallen, die nicht voll den Begriff der »erdgeschossigen Verkaufsstätte« erfüllen, weil sie z. B. im Kellergeschoss Verkaufsräume oder Räume enthalten, die nicht nur der Hausinstallation dienen. Sofern die Verkaufsstätte gesprinklert ist, darf die Fläche der Brandabschnitte je Geschoss 5000 m^2 betragen (das wäre also weniger als bei einer »rein« erdgeschossigen Verkaufsstätte nach § 2 Abs. 3). Ein ähnliches Ergebnis zeigt sich bei Verkaufsstätten ohne Sprinkleranlagen: Erdgeschossige Verkaufsstätten, die nicht den Begriff hierfür erfüllen, dürfen Flächen je Geschoss von nicht mehr als 1500 m^2 haben, eine »rein« erdgeschossige Verkaufsstätte eine Fläche von nicht mehr als 3000 m^2.

21 In mehrgeschossigen Verkaufsstätten ohne Sprinkleranlagen darf sich die Verkaufsstätte nicht über mehr als drei Geschosse erstrecken. Die Forderung gilt für die Verkaufsstätte im Ganzen, d. h. für alle zur Verkaufsstätte gehörenden Räume, nicht nur für die Verkaufsräume; das kann dann z. B. sein ein Kellergeschoss, ein Erdgeschoss und ein Obergeschoss. Die Fläche je Geschoss für den Brandabschnitt ist begrenzt auf 1500 m^2, die Gesamtfläche aller Geschosse innerhalb eines Brandabschnitts darf jedoch nicht mehr als 3000 m^2 betragen. Es kommen also heraus bei drei Geschossen eine Fläche je Geschoss von 1000 m^2, bei zwei Geschossen je Geschoss

1500 m² und bei nur einem Geschoss darf der Brandabschnitt trotzdem nicht mehr als 1500 m² betragen. Eine Verkaufsfläche im Kellergeschoss ist zwar nicht wie früher auf 500 m² beschränkt; eine größere Fläche müsste jedoch gesprinklert sein (§ 20 Abs. 1 Satz 2).

4. Erdgeschossige Verkaufsstätten

Auch erdgeschossige Verkaufsstätten (§ 2 Abs. 3) sind durch Brandwände in Brandabschnitte zu unterteilen, die allerdings größer sein dürfen als in mehrgeschossigen Verkaufsstätten im Einzelgeschoss. Die Fläche der Brandabschnitte im Erdgeschoss darf betragen in Verkaufsstätten 22

– mit Sprinkleranlagen nicht mehr als 10 000 m²,
– ohne Sprinkleranlagen nicht mehr als 5000 m².

Eine Ausnahmeregelung zugunsten größerer Flächen ist nicht vorgesehen.

In »erdgeschossigen Verkaufsstätten« darf sich die Verkaufsstätte nach § 2 Abs. 3 nur in diesem Geschoss befinden. Das Geschoss ist je nach Größe in Brandabschnitte zu unterteilen. Installationsräume, die im Kellergeschoss und im Obergeschoss/Dachgeschoss allein zugelassen werden, sind entsprechend abzutrennen. Besonderer Sorgfalt bedarf die Ausführung der Brandwände im Dachbereich (siehe § 28 Abs. 6 MBO). 23

5. Flächenermittlung

Die Fläche eines Brandabschnitts ergibt sich aus der Summe der Flächen der einzelnen Räume der Verkaufsstätte, die unmittelbar oder mittelbar miteinander verbunden sind, abgesehen von den in § 2 Abs. 1 Satz 2 genannten Treppenräumen, Schächten und Kanälen haustechnischer Anlagen. Es wird jedenfalls nicht mehr wie früher nur auf die Nutzflächen der Verkaufsräume abgestellt, wobei als Verkaufsräume jetzt mehr Räume gelten als bisher. Räume, die durch feuerbeständige Bauteile ohne Öffnungen getrennt sind, z. B. selbständige Verkaufsräume zählen nicht mit. 24

Einfacher wäre es, die Fläche zwischen den Brandwänden so zu ermitteln, dass dazwischen liegende Wände, Schächte, Kanäle usw. nicht berücksichtigt, also übermessen werden. Das hätte den Vorteil, dass bereits in einem frühen Stadium die wesentliche Grundrissstruktur festgelegt werden könnte, ohne dass die Raumaufteilung im Einzelnen vorliegen müsste. Dem steht allerdings entgegen, dass im § 1 der Verordnung ausdrücklich festgelegt wird, dass die Bauteile übermessen werden, während das im § 6 Abs. 1 25

Bauvorschriften

nicht der Fall ist. Ein Übermessen der Bauteile würde zu einer Verschärfung führen, also auf der sicheren Seite liegen.

6. Ladenstraßen

26 Die Anforderungen des § 6 Abs. 1 wenden sich an eine Verkaufsstätte im Ganzen und damit gleichermaßen an Verkaufsräume und Ladenstraßen. Nach der Fassung 1977 der Verordnung sollten Ladenstraßen und Verkaufsräume brandschutztechnisch getrennt werden, was sich in der Praxis allerdings nur schwer verwirklichen ließ.

27 Wenn davon ausgegangen wird, dass Ladenstraßen mit anschließenden Verkaufsräumen offen verbunden sein dürfen, müssen die Flächen von Verkaufsräumen und Ladenstraßen bei der Bildung von Brandabschnitten zusammengenommen werden, was bedeuten würde, dass Ladenstraßen mit großen Flächen durch Brandwände mit Feuerschutzabschlüssen unterteilt werden müssten.

28 Um diesen Schwierigkeiten zu begegnen, lässt das Muster 1995 eine neue Lösung der Art zu, dass bei entsprechender Ausbildung die Ladenstraße selbst der Unterteilung der Verkaufsstätte in Brandabschnitte dient.

29 Die Vorstellung ist die, dass es ausreicht, wenn die Ladenstraße das Gebäude in voller Höhe »durchschneidet«, vergleichbar einer normalen Straße. Die Ladenstraße darf dann keine weiteren Ebenen haben. Der obere Abschluss der Ladenstraße ist das Dach, wobei es unerheblich ist, in welcher Höhe in Bezug zum sonstige Gebäude sich dieses Dach befindet. Im Einzelnen muss die Ladenstraße den Anforderungen des § 6 Abs. 2 entsprechen.

30 Brandwände brauchen ferner im Kreuzungsbereich mit Ladenstraßen nicht hergestellt werden, wenn die Ladenstraße gemäß § 6 Abs. 3 ausgebildet wird.

31 An die Trennwände zwischen Ladenstraßen und Verkaufsräumen werden keine besonderen Anforderungen wie bisher in § 10 Abs. 3 bis 5 a. F. gestellt. Die Flächen der Ladenstraßen zählen bei der Bildung der Brandabschnitte mit. Die Größe der Brandabschnitte nach § 6 Abs. 1 Satz 2 Nrn. 1 und 2 hängt davon ab, ob die Verkaufsstätte mit Ladenstraße mehrgeschossig oder erdgeschossig ist.

32 Verkaufsräume und Ladenstraßen bilden eine Einheit. Bei einer mehrgeschossigen Verkaufsstätte und eine eingeschossigen Ladenstraße können für diese nicht die Erleichterungen für erdgeschossige Verkaufsstätten beansprucht werden.

7. Brandabschnittsbildung durch Ladenstraßen

An Ladenstraßen angrenzende Brandabschnitte

Verkaufsstätten können nach § 6 Abs. 2 durch Ladenstraßen in Brandabschnitte unterteilt werden, wenn folgende Anforderungen erfüllt werden: 33
- Die Verkaufsstätte im Ganzen, nicht nur Verkaufsräume und Ladenstraße, muss gesprinklert sein.
- Die Ladenstraße muss über das Maß von § 13 Abs. 1 hinaus nicht nur auf die ganze Länge, sondern auch in voller Höhe bis zum Dach mindestens 10 m breit sein; Einbauten oder Einrichtungen sind innerhalb dieser Breite unzulässig.
- Die Ladenstraße muss Rauchabzugsanlagen haben. Zur Bedienung siehe § 16 Abs. 3.
- Das Tragwerk der Dächer muss aus nichtbrennbaren (A) Baustoffen bestehen. Die Bedachung muss eine harte Bedachung sein oder, soweit sie lichtdurchlässig ist, mindestens schwerentflammbar (B 1) sein; sie darf im Brandfall nicht brennend abtropfen.

An die so ausgebildete Ladenstraße können dann auf einer oder beiden 34
Seiten (ohne Trennung) die Brandabschnitte der Verkaufsstätte angrenzen, d. h. die so ausgebildete Ladenstraße ist der Ersatz für eine Brandwand. Dieselben Anforderungen und Möglichkeiten gelten auch, wenn eine Ladenstraße durch eine andere (weitere) gekreuzt wird. Siehe auch die Abbildungen.

Brandwandführung über Ladenstraßen

Es gibt nicht nur den Fall, dass Brandabschnitte an Ladenstraßen angrenzen, 35
sondern auch den, dass Brandabschnitte die Fläche einer Ladenstraße einbeziehen und somit über eine Ladenstraße hinweggeführt werden.

Brandwände, die an und für sich die Ladenstraße kreuzen wurden, brauchen im Kreuzungsbereich nicht hergestellt werden, wenn 36

- die Verkaufsstätte gesprinklert ist,
- die Ladenstraße eine Breite von mindestens 10 m über eine Länge von mindestens 10 m (auch in die Höhe bis unter Dach) beiderseits der Brandwände hat,
- die Ladenstraße im Übrigen den Anforderungen des § 6 Abs. 2 entspricht.

Die Ladenstraße hat also in dem Bereich, wo die Brandwand über sie 37
geführt werden müsste, über ihr Mindestmaß nach § 13 Abs. 1 hinaus auf

Bauvorschriften

eine Länge von mindestens 20 m (nebst Dicke der Brandwand) eine Breite von mindestens 10 m. (siehe auch die Abbildung).

Nicht gesprinklerte Ladenstraßen

38 Die Erleichterungen nach § 6 Abs. 2 und 3 kommen nicht zum Zuge, wenn die Verkaufsstätte mit der Ladenstraße nicht gesprinklert ist. Es genügt im Übrigen nicht, wenn etwa nur die Ladenstraße gesprinklert werden würde. Die zulässige Größe der Brandabschnitte ergibt sich aus § 6 Abs. 1 Satz 2 Nrn. 3 und 4, je nach dem, ob die Verkaufsstätte mehrgeschossig oder erdgeschossig ist. Die Brandwände, die u. U. über die Ladenstraße geführt werden müssen, dürfen nach § 6 Abs. 4 Öffnungen mit entsprechenden Feuerschutzabschlüssen haben.

Ladenstraßen mit geringeren Breiten als 10 m

39 Eine Brandabschnittsbildung nach § 6 Abs. 2 und 3 ist ferner nicht möglich, wenn die Ladenstraße nicht die notwendige Breite nach § 6 Abs. 2 Nr. 1 oder Abs. 3 Nr. 1 aufweist. Die Sprinklerung der Verkaufsstätte erlaubt nur, für die Größe der Brandabschnitte die Flächen nach § 6 Abs. 1 Satz 2 Nrn. 1 und 2 zugrunde zu legen.

8. Öffnungen

40 § 6 Abs. 4 modifiziert etwas die Vorschrift des Art. 28 Abs. 8 MBO, insbesondere ist aus einer Ausnahmeregelung eine Zulässigkeitsregelung geworden. Öffnungen in den Brandwänden sind zulässig, wenn sie feuerbeständige und selbstschließende Abschlüsse haben. Die Abschlüsse (Türen, Tore usw.) bedürfen einer allgemeinen bauaufsichtlichen Zulassung, sofern sie nicht einer Norm entsprechen. Für feuerbeständige Abschlüsse gibt es z. Z. nur Zulassungen, siehe hierzu die §§ 20 bis 24 c MBO über Bauprodukte.

41 Da davon ausgegangen wird, dass in der Regel die Öffnungen während des Betriebs offen gehalten werden, wird in der Verordnung allgemein verlangt, dass die Abschlüsse Feststellanlagen haben müssen, die bei Raucheinwirkung ein selbsttätiges Schließen bewirken.

9. Brandwände im Dachbereich

42 Die Ausführung nach Abs. 5 der Brandwände im Dachbereich über Dach oder in Höhe der Dachhaut mit einer auskragenden Platte entspricht der nach § 28 Abs. 6 Satz 1 MBO.

Brandwände sollen nicht nur eine Brandübertragung im Innern verhindern, sondern auch im Dachbereich so ausgebildet sein, dass ein Brand nicht über die Dachhaut in ein benachbartes Gebäude oder einen benachbarten Brandabschnitt übertragen werden kann. 43

Die Brandwand ist deshalb mindestens 30 cm über Dach zu führen oder – was die Regel ist – in Höhe der Dachhaut mit einer beiderseits 50 cm auskragenden feuerbeständigen Platte aus nichtbrennbaren Baustoffen abzuschließen; darüber dürfen brennbare Teile des Daches, insbesondere Wärmedämmschichten nicht hinweggeführt werden. Die notwendige Trennung gilt auch für die Dachvorsprünge. 44

10. Gebäudeabschlusswände

Unberührt bleibt nach Abs. 6 die Vorschrift des § 28 Abs. 1 Satz 1 Nr. 1 MBO, wonach Brandwände herzustellen sind zum Abschluss von Gebäuden, bei denen die Abschlusswand bis zu 2,5 m von der Nachbargrenze errichtet wird, es sei denn, dass ein Abstand von mindestens 5 m zu bestehenden oder nach den baurechtlichen Vorschriften zulässigen Gebäuden gesichert ist. Diese Anforderung gilt nicht nur für mehrgeschossige, sondern auch für erdgeschossige Verkaufsstätten. 45

Bauvorschriften

Bildung von Brandabschnitten durch Ladenstraße und Brandwände

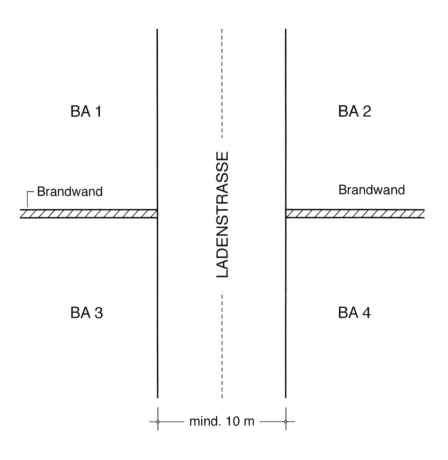

BA = BRANDABSCHNITT

zu § 6 Abs. 2

Bildung von Brandabschnitten durch Ladenstraße

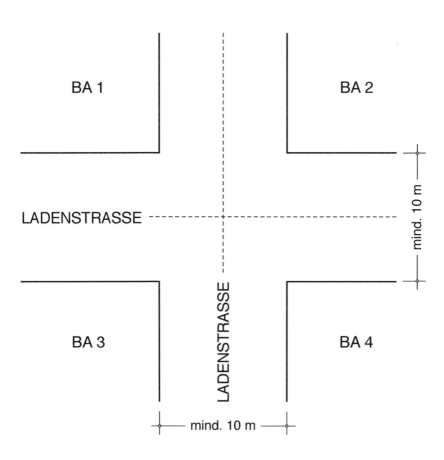

BA = BRANDABSCHNITT

zu § 6 Abs. 2

Bauvorschriften

Ladenstraße im Kreuzungsbereich mit Brandwänden

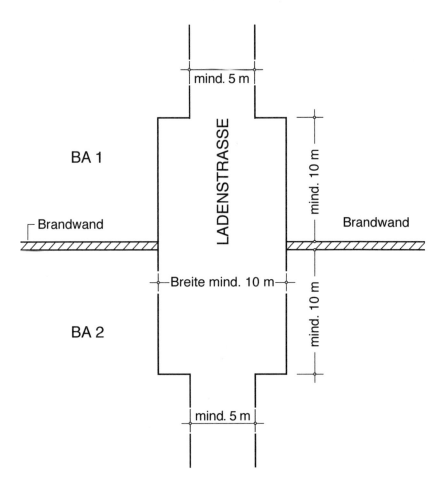

BA = BRANDABSCHNITT

zu § 6 Abs. 3

§ 7 Decken

(1) Decken müssen feuerbeständig sein und aus nichtbrennbaren Baustoffen bestehen. Decken über Geschossen, deren Fußboden an keiner Stelle mehr als 1 m unter der Geländeoberfläche liegt, brauchen nur
1. feuerhemmend zu sein und aus nichtbrennbaren Baustoffen zu bestehen in erdgeschossigen Verkaufsstätten ohne Sprinkleranlagen,
2. aus nichtbrennbaren Baustoffen zu bestehen in erdgeschossigen Verkaufsstätten mit Sprinkleranlagen.
Für die Beurteilung der Feuerwiderstandsdauer bleiben abgehängte Unterdecken außer Betracht.

(2) Unterdecken einschließlich ihrer Aufhängungen müssen in Verkaufsräumen, Treppenräumen, Treppenraumerweiterungen, notwendigen Fluren und in Ladenstraßen aus nichtbrennbaren Baustoffen bestehen. In Verkaufsräumen mit Sprinkleranlagen dürfen Unterdecken aus brennbaren Baustoffen bestehen, wenn auch der Deckenhohlraum durch die Sprinkleranlagen geschützt ist.

(3) In Decken sind Öffnungen unzulässig. Dies gilt nicht für Öffnungen zwischen Verkaufsräumen, zwischen Verkaufsräumen und Ladenstraßen sowie zwischen Ladenstraßen
1. in Verkaufsstätten mit Sprinkleranlagen,
2. in Verkaufsstätten ohne Sprinkleranlagen, soweit die Öffnungen für nicht notwendige Treppen erforderlich sind.

Erläuterungen

Übersicht	Rdnr.
1. Allgemeines	1
2. Mehrgeschossige Verkaufsstätten	3
3. Erdgeschossige Verkaufsstätten	5
4. Unterdecken	11
5. Öffnungen in Decken	16

1. Allgemeines

Decken sind Bauteile, die die Geschosse in der Waagerechten trennen. Der obere Abschluss eines obersten Geschosses wird im technischen Sprachgebrauch meist dann als Decke bezeichnet, wenn er waagerecht ist und keine wesentlichen Hohlräume aufweist. Ansonsten handelt es sich um ein Dach und es gelten die Anforderungen des § 8. Es werden aber auch waagerechte oder nur gering geneigte Decken als Flachdächer bezeichnet.

Bauvorschriften

2   Decken sind immer zugleich tragende und raumabschließende Bauteile. Sie sind so geprüft, dass sie einer Brandeinwirkung von unten nach oben standhalten. Einzelheiten für die Ausführung enthält die Norm DIN 4102 – Brandverhalten von Baustoffen und Bauteilen –. Die Auswahl in den möglichen Ausführungen wird dadurch eingeschränkt, dass für die Beurteilung der Feuerwiderstandsdauer abgehängte Unterdecken außer Betracht bleiben müssen (§ 7 Abs. 1 Satz 3), weil in den Hohlräumen allgemein Installationen untergebracht werden, die das Brandverhalten nachteilig beeinflussen können.

2. Mehrgeschossige Verkaufsstätten

3   Decken in mehrgeschossigen Verkaufsstätten müssen nach § 7 Abs. 1 Satz 1 feuerbeständig sein und aus nichtbrennbaren Baustoffen bestehen (F 90-A). Die Anforderung gilt für alle Geschosse und unabhängig davon, ob die Verkaufsstätte mit Sprinkleranlagen versehen ist oder nicht.

4   Die Anforderung gilt auch für dazugehörige Ladenstraßen. Sofern eine Ladenstraße der Brandabschnittsunterteilung nach § 6 Abs. 2 und 3 dient, muss die Ladenstraße in voller Höhe bis unter Dach mindestens 10 m breit sein und ist durch ein Dach abzuschließen.

3. Erdgeschossige Verkaufsstätten

5   Decken über Geschossen, deren Fußboden an keiner Stelle mehr als 1 m unter der Geländeoberfläche liegt, müssen nach § 7 Abs. 1 Satz 2 in erdgeschossigen Verkaufsstätten

– ohne Sprinkleranlagen mindestens feuerhemmend sein und aus nichtbrennbaren Baustoffen bestehen (F 30-A),
– mit Sprinkleranlagen aus nichtbrennbaren Baustoffen (A) bestehen.

6   Dieses Geschoss entspricht seiner Lage nach der Begriffsbestimmung für erdgeschossige Verkaufsstätten in § 2 Abs. 2, ist also das Hauptgeschoss (= Erdgeschoss) der Verkaufsstätte mit den Verkaufsräumen und einer ev. Ladenstraße. Bei unterschiedlichen Geländeanschnitten ist das Maß zwischen Fußbodenoberkante und Geländeoberfläche nicht zu mitteln, sondern es gilt die ungünstigste Stelle.

7   In Verkaufsstätten ohne Sprinkleranlagen werden für Lagerräume und Räume mit erhöhter Brandgefahr feuerbeständige Wände verlangt. Es ist zu fragen, ob diese Forderung nicht auch für die Decken dieser Räume gelten müsste? Was nützen feuerbeständige Wände, wenn die Decke nicht dieselbe Feuerwiderstandsdauer aufweist. Dasselbe gilt sinngemäß für Installationsräume.

Decken über Geschossen, deren Fußboden an einer Stelle mehr als 1 m 8
unter der Geländeoberfläche liegt, müssen nach § 7 Abs. 1 Satz 2 in Verbindung mit Satz 1 feuerbeständig sein und aus nichtbrennbaren Baustoffen bestehen (F 90-A), gleich ob die Verkaufsstätte gesprinklert ist oder nicht.

Dieses (tiefer gelegene) Geschoss darf wiederum gemäß der Begriffsbestimmung für erdgeschossige Verkaufsstätten nur der Unterbringung haustechnischer Anlagen und Feuerungsanlagen dienen, wobei für die Räume dieser Anlagen schon aus anderen Gründen u. U. feuerbeständige Wände und Decken zu fordern sind. 9

Unberührt bleiben Anforderungen an Decken, die sich aus § 12 Abs. 3 10
Satz 1 Nr. 2 und § 13 Abs. 2 Satz 1 sowie aus Vorschriften der Bauordnung selbst, aus den Sonderverordnungen oder technischen Baubestimmungen ergeben können, siehe auch die Rdnrn. 3 und 4 der Erl. zu § 5.

4. Unterdecken

Die Verordnung unterscheidet zwischen Unterdecken in § 7 Abs. 2 und 11
Deckenverkleidungen in § 9 Abs. 2. Unterdecken sind danach Bauteile, die von der Rohdecke abgehängt sind und damit einen Hohlraum bilden, während Deckenverkleidungen unmittelbar auf der Rohdecke aufgebracht werden. Häufig wird aber in Vorschriften der Begriff der Verkleidung als Oberbegriff gebraucht.

Im oberen Raumbereich werden allgemein die Installationen für die 12
haustechnischen Anlagen geführt (Lüftung, Klimatisierung, Elektro usw.), die in der Regel durch Unterdecken abgedeckt werden.

Die Verordnung verlangt in § 7 Abs. 2 Satz 1, dass Unterdecken einschließlich ihrer Aufhängungen in Verkaufsräumen, Treppenräumen, Treppenraumerweiterungen, notwendigen Fluren und in Ladenstraßen aus nichtbrennbaren Baustoffen bestehen müssen. Damit sind die wesentlichen Räume einer Verkaufsstätte angesprochen. 13

In Verkaufsräumen mit Sprinkleranlagen dürfen Unterdecken aus brennbaren Baustoffen bestehen, wenn auch der Deckenhohlraum durch die Sprinkleranlagen geschützt ist. Deckenverkleidungen müssen immer aus nichtbrennbaren Baustoffen bestehen (§ 9 Abs. 2). 14

Es hängt von Art und Umfang der Installationen ab, ob weitere Anforderungen an diese selbst oder deren Verlegung zu stellen sind. Die Länder haben hierzu als technische Baubestimmungen eingeführt 15

– die bauaufsichtliche Richtlinie über die brandschutztechnischen Anforderungen an Lüftungsanlagen und
– Richtlinien über brandschutztechnische Anforderungen an Leitungsanlagen.

Bauvorschriften

5. Öffnungen in Decken

16 Öffnungen in Decken sind nach § 7 Abs. 3 Satz 1 unzulässig. Die Vorschrift entspricht § 29 Abs. 9 Satz 1 MBO. Die Musterbauordnung enthält dann für Öffnungen in Decken eine Ausnahmeregelung, während § 7 Abs. 3 Satz 2 der Verordnung eine Zulässigkeitsregelung bringt.

17 Diese ist von wesentlicher Bedeutung für die Bildung der Brandabschnitte nach § 6 Abs. 1. Öffnungen sind in Decken zwischen Verkaufsräumen, zwischen Verkaufsräumen und Ladenstraßen und zwischen Ladenstraßen zulässig, und zwar

– in Verkaufsstätten mit Sprinkleranlagen Öffnungen ohne Größenbegrenzung, also nicht nur für nicht notwendige Treppen und Fahrtreppen,
– in Verkaufsstätten ohne Sprinkleranlagen nur Öffnungen für nicht notwendige Treppen und Fahrtreppen (unberührt bleiben notwendige Treppen in Treppenräumen).

18 Öffnungen in Decken kommen nur in Frage in mehrgeschossigen Verkaufsstätten. In erdgeschossigen Verkaufsstätten müssen Verkaufsräume und Ladenstraßen erdgeschossig liegen, sodass sich eine Verbindung zu den o. a. Räumen erübrigt.

§ 8 Dächer

(1) Das Tragwerk von Dächern, die den oberen Abschluß von Räumen der Verkaufsstätten bilden oder die von diesen Räumen nicht durch feuerbeständige Bauteile getrennt sind, muss
1. aus nichtbrennbaren Baustoffen bestehen in Verkaufsstätten mit Sprinkleranlagen, ausgenommen in erdgeschossigen Verkaufsstätten,
2. mindestens feuerhemmend sein in erdgeschossigen Verkaufsstätten ohne Sprinkleranlagen,
3. feuerbeständig sein in sonstigen Verkaufsstätten ohne Sprinkleranlagen.

(2) Bedachungen müssen
1. gegen Flugfeuer und strahlende Wärme widerstandsfähig sein und
2. bei Dächern, die den oberen Abschluß von Räumen der Verkaufsstätten bilden oder die von diesen Räumen nicht durch feuerbeständige Bauteile getrennt sind, aus nichtbrennbaren Baustoffen bestehen mit Ausnahme der Dachhaut und der Dampfsperre.

(3) Lichtdurchlässige Bedachungen über Verkaufsräumen und Ladenstraßen dürfen abweichend von Abs. 2 Nr. 1

1. schwerentflammbar sein bei Verkaufsstätten mit Sprinkleranlagen,
2. nichtbrennbar sein bei Verkaufsstätten ohne Sprinkleranlagen.
Sie dürfen im Brandfall nicht brennend abtropfen.

Erläuterungen

Übersicht   Rdnr.
1. Allgemeines   1
2. Dachtragwerk   3
3. Bedachungen   8

1. Allgemeines

Dächer müssen Anforderungen des Witterungsschutzes, des Feuchtigkeits- 1
schutzes, des Holzschutzes, der Standsicherheit, der Verkehrssicherheit,
des Brandschutzes und u. U. des Schall- und Wärmeschutzes erfüllen. Die
Anforderungen ergeben sich – abgesehen vom Brandschutz – aus den allgemeinen Vorschriften der Bauordnung.

Zum Verhältnis des § 8 MVkVO zu § 30 MBO über Dächer ist zu be- 2
merken, dass § 8 MVkVO den § 30 Abs. 1, 3 und 4 MBO im Wesentlichen
ersetzt, § 30 Abs. 2, 5 und 6 MBO ist nicht einschlägig, § 30 Abs. 7 bis 11
MBO ist anzuwenden (Abstände von Dachaufbauten, Anbauten, Umwehrungen usw.). Die Verordnung enthält keine besonderen Vorschriften mehr
über Anbauten; die Anforderungen ergeben sich aus § 30 Abs. 9 MBO. Die
sichere Begehbarkeit und die Aufstellung von Rettungsgeräten müsste im
Einzelfall festgelegt werden.

2. Dachtragwerk

Das Dachtragwerk besteht insbesondere aus Bindern, Pfetten, Sparren, 3
Stützen.

Das Tragwerk von Dächern, die den oberen Abschluss von Räumen der 4
Verkaufsstätte bilden oder die von diesen Räumen nicht durch feuerbeständige Bauteile getrennt sind, muss bzw. darf
 – in mehrgeschossigen Verkaufsstätten
   – mit Sprinkleranlagen nichtbrennbar (A)
   – ohne Sprinkleranlagen feuerbeständig (F 90-AB)
 – in erdgeschossigen Verkaufsstätten
   – mit Sprinkleranlagen ohne Feuerwiderstandsdauer (o. F.),
   – ohne Sprinkleranlagen mindestens feuerhemmend (F 30-B)
sein (Abs. 1).

Bauvorschriften

5 Die Anforderungen gelten für die Verkaufsstätte im Ganzen, insbesondere also für Verkaufsräume und Ladenstraßen. Die Errichtung feuerhemmender oder feuerbeständiger Dachtragwerke setzt voraus, dass die tragenden Wände oder Stützen der Verkaufsstätte dieselbe Widerstandsfähigkeit gegen Feuer besitzen.

6 Die Anforderungen an des Tragwerk von Dächern über Ladenstraßen, die der Bildung von Brandabschnitten dienen, ergibt sich aus § 6 Abs. 2 und 3.

7 An das Tragwerk von Dächern, die von den Räumen durch feuerbeständige Bauteile getrennt sind, werden keine Anforderungen gestellt.

3. Bedachungen

8 Die Bedachung besteht in der Regel aus Dachschalung, Dachlatten oder Trapezblechen, Dämmschichten, Dampfsperren und der Dachhaut (Dachdeckung)

9 Bedachungen müssen nach Abs. 2 Nr. 1 allgemein gegen Flugfeuer und strahlende Wärme widerstandsfähig sein (harte Bedachung). Die Anforderung deckt sich mit der in § 30 Abs. 1 MBO. Die Norm DIN 4102 Teil 4 enthält im Abschn. 8.7 Beispiele für gegen Flugfeuer und strahlende Wärme widerstandsfähige Bedachungen.

10 Bei Dächern, die den oberen Abschluss von Räumen der Verkaufsstätte bilden oder die von diesen Räumen nicht durch feuerbeständige Bauteile getrennt sind, muss nach Abs. 2 Nr. 2 die Bedachung außerdem aus nichtbrennbaren Baustoffen bestehen mit Ausnahme der Dachhaut und der Dampfsperre. Die Ausnahme ist notwendig, weil nicht jede nichtbrennbare Dachhaut die Anforderungen einer harten Bedachung erfüllt. Die Vorschrift gilt für alle Verkaufsstätten, also auch für erdgeschossige.

11 Bedachungen über Ladenstraßen, die der Bildung von Ladenstraßen dienen, müssen die Anforderungen des § 8 Abs. 2 Nr. 1 und Abs. 3 Nr. 1 erfüllen.

12 Nach Abs. 3 brauchen lichtdurchlässige Bedachungen über Verkaufsräumen und Ladenstraßen keine harten Bedachungen sein, sie müssen jedoch bei Verkaufsstätten

– mit Sprinkleranlagen mindestens schwerentflammbar (B 1),
– ohne Sprinkleranlagen nichtbrennbar (A)

sein. Sie dürfen außerdem im Brandfall nicht brennend abtropfen.

Für lichtdurchlässige Bedachungen über andere Räume können – soweit einschlägig und vertretbar – die Erleichterungen des § 30 Abs. 3 und 4 MBO beansprucht werden.

§ 9 Verkleidungen, Dämmstoffe

(1) Außenwandverkleidungen einschließlich der Dämmstoffe und Unterkonstruktionen müssen bestehen aus
1. mindestens schwerentflammbaren Baustoffen bei Verkaufsstätten mit Sprinkleranlagen und bei erdgeschossigen Verkaufsstätten,
2. nichtbrennbaren Baustoffen bei sonstigen Verkaufsstätten ohne Sprinkleranlagen.

(2) Deckenverkleidungen einschließlich der Dämmstoffe und Unterkonstruktionen müssen aus nichtbrennbaren Baustoffen bestehen.

(3) Wandverkleidungen einschließlich der Dämmstoffe und Unterkonstruktionen müssen in Treppenräumen, Treppenraumerweiterungen, notwendigen Fluren und in Ladenstraßen aus nichtbrennbaren Baustoffen bestehen.

Erläuterungen

Übersicht

	Rdnr.
1. Außenwandverkleidungen	1
2. Deckenverkleidungen	4
3. Wandverkleidungen	7
4. Bodenbeläge	9
5. Hohlraumestriche und Doppelböden	10

1. Außenwandverkleidungen

Verkleidungen an Außenwänden dienen nicht nur dem Witterungsschutz und in Verbindung mit Dämmschichten dem Wärmeschutz, sondern häufig auch der Gestaltung. Für Verkleidungen können Baustoffe aller Art verwendet werden, sofern sie den Anforderungen des Brandschutzes genügen. Diese waren früher abgestuft nach der Geschosszahl, jetzt ist die Sprinklerung maßgebend. Die Feuerwiderstandsfähigkeit der Verkleidung ist unabhängig von der der Wandkonstruktion. 1

Außenwandverkleidungen einschließlich der Dämmstoffe und der Unterkonstruktionen müssen nach Abs. 1 bestehen bei 2

– mehrgeschossigen Verkaufsstätten
  – mit Sprinkleranlagen aus schwerentflammbaren Baustoffen (B 1),
  – ohne Sprinkleranlagen aus nichtbrennbaren Baustoffen (A)
– erdgeschossigen Verkaufsstätten
  – mit Sprinkleranlagen aus schwerentflammbaren Baustoffen (B 1),
  – ohne Sprinkleranlagen aus schwerentflammbaren Baustoffen (B 1).

Bauvorschriften

3   Die Verordnung verschärft damit die Anforderungen gegenüber § 26 Abs. 2 MBO.

2. Deckenverkleidungen

4   Die Verordnung unterscheidet zwischen Unterdecken nach § 7 Abs. 2 und Deckenverkleidungen nach § 9 Abs. 2. Deckenverkleidungen sind demnach Bauteile, die unmittelbar auf die Rohdecke aufgebracht werden, also auf Decken, unter denen sich keine Hohlräume für Installationen befinden.

5   Deckenverkleidungen müssen einschließlich der Dämmstoffe und Unterkonstruktionen aus nichtbrennbaren Baustoffen (A) bestehen, gleich ob es sich um die Räume in mehrgeschossigen oder erdgeschossigen Verkaufsstätten handelt und gleich, ob diese gesprinklert sind oder nicht (Abs. 2).

6   Die Anforderungen decken sich z. T. in denen in § 32 Abs. 8 und § 33 Abs. 5 Nr. 1 MBO.

3. Wandverkleidungen

7   Wandverkleidungen einschließlich der Dämmstoffe und Unterkonstruktionen müssen in Treppenräumen, Treppenraumerweiterungen, notwendigen Fluren und in Ladenstraßen aus nichtbrennbaren Baustoffen bestehen (Abs. 3). Notwendige Flure sind sowohl solche nach § 13 Abs. 5 als auch allgemein solche nach § 33 MBO.

8   Die Anforderungen decken sich z. T. mit denen in § 32 Abs. 8 und § 33 Abs. 5 MBO.

4. Bodenbeläge

9   Bodenbeläge in Treppenräumen werden behandelt in § 12 Abs. 2 Satz 2, in notwendigen Fluren für Kunden in § 13 Abs. 2 Satz 2. Anforderungen können sich u. U. auch aus anderen Vorschriften ergeben, siehe die Rdnr. 3 der Erl. zu § 5. Bodenbeläge sind nach der Norm DIN 4102 Teil 14 zu prüfen.

5. Hohlraumestriche und Doppelböden

10   Ein Gegenstück zu Installationen im Deckenhohlraum sind solche in Hohlraumestrichen und Doppelböden. Hohlraumestriche sind Estriche mit

durchgehenden Hohlräumen in Längs- und/oder Querrichtung auf besonders gestalteter dünnwandiger verlorender Schalung oder auf Formplatten mit Nocken oder Ständern. Doppelböden sind Böden, die aus Ständern und daraufliegenden Bodenplatten bestehen.

Hohlraumestriche und Doppelböden entziehen sich weitgehend einer sinnvollen Beurteilung des Brandverhaltens als Bauteil nach der Norm DIN 4102, da die Brandlasten im Hohlraum auf Grund des geringen Raumvolumens in Verbindung mit den ungünstigen Ventilationsverhältnissen keinen Normalbrand ermöglichen, der dem Temperaturverlauf der Einheitstemperaturkurve nach der Norm DIN 4102 entspricht.

Die notwendigen brandschutztechnischen Anforderungen sind jetzt festgelegt in einer bauaufsichtlichen Richtlinie, die von den Ländern als technische Baubestimmung eingeführt worden ist.

§ 10 Rettungswege in Verkaufsstätten

(1) Für jeden Verkaufsraum, Aufenthaltsraum und für jede Ladenstraße müssen in demselben Geschoss mindestens zwei voneinander unabhängige Rettungswege zu Ausgängen ins Freie oder zu Treppenräumen notwendiger Treppen vorhanden sein. Anstelle eines dieser Rettungswege darf ein Rettungsweg über Außentreppen ohne Treppenräume, Rettungsbalkone, Terrassen und begehbare Dächer auf das Grundstück führen, wenn hinsichtlich des Brandschutzes keine Bedenken bestehen; dieser Rettungsweg gilt als Ausgang ins Freie.

(2) Von jeder Stelle
1. eines Verkaufsraumes in höchstens 25 m Entfernung,
2. eines sonstigen Raumes oder einer Ladenstraße in höchstens 35 m Entfernung

muß mindestens ein Ausgang ins Freie oder ein Treppenraum notwendiger Treppen erreichbar sein (erster Rettungsweg).

(3) Der erste Rettungsweg darf, soweit er über eine Ladenstraße führt, auf der Ladenstraße eine zusätzliche Länge von höchstens 35 m haben, wenn die Ladenstraße Rauchabzugsanlagen hat und der nach Abs. 1 erforderliche zweite Rettungsweg für Verkaufsräume mit einer Fläche von mehr als 100 m^2 nicht über diese Ladenstraße führt.

(4) In Verkaufsstätten mit Sprinkleranlagen oder in erdgeschossigen Verkaufsstätten darf der Rettungsweg nach Abs. 2 und 3 innerhalb von Brandabschnitten eine zusätzliche Länge von höchstens 35 m haben, soweit er über einen notwendigen Flur für Kunden mit einem unmittelbaren Ausgang ins Freie oder in einen Treppenraum notwendiger Treppen führt.

Bauvorschriften

(5) Von jeder Stelle eines Verkaufsraumes muß ein Hauptgang oder eine Ladenstraße in höchstens 10 m Entfernung erreichbar sein.
(6) In Rettungswegen ist nur eine Folge von mindestens drei Stufen zulässig. Die Stufen müssen eine Stufenbeleuchtung haben.
(7) An Kreuzungen der Ladenstraßen und der Hauptgänge sowie an Türen im Zuge von Rettungswegen ist deutlich und dauerhaft auf die Ausgänge durch Sicherheitszeichen hinzuweisen. Die Sicherheitszeichen müssen beleuchtet sein.
(8) Die Entfernungen nach den Abs. 2 bis 5 sind in der Lauflinie, jedoch nicht durch Bauteile zu messen.

Erläuterungen

Übersicht   Rdnr.

1. Allgemeines   1
2. Zahl und Anordnung der Rettungswege   6
3. Zulässige Länge der Rettungswege
3.1 Verkaufsräume   16
3.2 Rettungswege im Verkaufsraum   24
3.3 Sonstige Räume und Ladenstraßen   26
4. Ermittlung der Rettungswegslänge   30
5. Ausführung der Rettungswege   36
6. Bauliche Maßnahmen für besondere Personengruppen   44
7 Sicherheitszeichen   47

1. Allgemeines

1 Bauliche Anlagen müssen so beschaffen sein, dass der Entstehung eines Brandes und der Ausbreitung von Feuer und Rauch vorgebeugt wird und bei einem Brand die Rettung von Menschen und Tieren sowie wirksame Löscharbeiten möglich sind (§ 17 Abs. 1 MBO).

2 Die Anforderungen der Bauordnung dazu über die Ausführung der Baustoffe und Bauteile sowie die Unterteilung der Gebäude nützen nur bedingt, wenn nicht Rettungswege so angelegt und ausgeführt werden, dass die Menschen, die sich im Gebäude befinden, im Brandfall rasch und sicher das Gebäude verlassen können. Die Rettungswege sind ferner die Angriffswege für die Feuerwehr.

3 Die Vorschriften der §§ 10 bis 15 und 25 sind das Kernstück der Verordnung; sie ergänzen und verschärfen die allgemeinen Vorschriften der Bauordnung:

§ 10: Rettungswege in Verkaufsstätten
§ 11: Treppen
§ 12: Treppenräume, Treppenraumerweiterungen
§ 13: Ladenstraßen, Flure, Hauptgänge
§ 14: Ausgänge
§ 15: Türen in Rettungswegen
§ 25: Rettungswege auf dem Grundstück, Flächen für die Feuerwehr

Für jeden Rettungsweg gilt in der Regel folgende Abfolge: 4

- Von jeder Stelle eines Verkaufsraums, Aufenthaltsraums oder einer Ladenstraße, u. U. über einen Gang (Hauptgang, Nebengang) im Raum zu einem Ausgang des Raums,
- vom Ausgang in einen notwendigen Flur, eine Ladenstraße, unmittelbar in einen Treppenraum einer notwendigen Treppe oder bei einem Erdgeschoss unmittelbar ins Freie,
- vom notwendigen Flur oder der Ladenstraße zu einem Treppenraum einer notwendigen Treppe oder bei einem Erdgeschoss zu einem Ausgang unmittelbar ins Freie,
- über die notwendige Treppe und die Treppenraumerweiterung zu einem Ausgang ins Freie,
- vom Ausgang ins Freie mittelbar oder unmittelbar auf eine öffentliche Verkehrsfläche.

Für jeden Verkaufsraum, Aufenthaltsraum und jede Ladenstraße muss jedoch nicht nur ein Rettungsweg, sondern es müssen zwei voneinander unabhängige Rettungswege vorhanden sein. Diese Forderung enthält bereits § 17 Abs. 4 Satz 1 MBO; sie wird in § 10 Abs. 1 Satz 1 wiederholt, aber mit dem Unterschied, dass die Bauordnung u. U. als zweiten Rettungsweg eine mit Rettungsgeräten der Feuerwehr erreichbare Stelle zulässt. Eine solche Möglichkeit geht bei einer Verkaufsstätte natürlich nicht; Abs. 1 Satz 2 lässt aber Erleichterungen hinsichtlich der Anordnung und Ausführung zu. 5

2. Zahl und Anordnung der Rettungswege

Zahl und Anordnung der Rettungswege werden zunächst bestimmt durch die höchstzulässigen Längen nach Abs. 2 bis 5. Je kürzer die Rettungswege sind, desto sicherer kann ein Gebäude entleert werden, doch ist es bei den großflächigen Anlagen, die die meisten Verkaufsstätten heutzutage darstellen, oft nicht einfach die Wünsche des Nutznießers mit den Forderungen der Bauaufsicht abzugleichen. 6

Für jeden Verkaufsraum, Aufenthaltsraum und für jede Ladenstraße müssen außerdem in demselben Geschoss mindestens zwei voneinander 7 unabhängige Rettungswege zu Ausgängen ins Freie oder zu Treppenräumen notwendiger Treppen vorhanden sein (Abs. 1 Satz 1).

8 Unter Verkaufsräume fallen alle Räume nach der Begriffsbestimmung in § 2 Abs. 3, also nicht nur die Räume, in denen Waren zum Verkauf angeboten werden, sondern auch die Räume, in denen sonstige Leistungen angeboten werden, und Räume, die dem Kundenverkehr dienen (abgesehen von den Ausnahmen). Hierzu können auch Räume geringer Größe und untergeordneter Nutzung gehören, was an den grundsätzlichen Anforderungen nichts ändert.

9 Die gesondert genannten Aufenthaltsräume können nur solche sein, die nicht dem Kundenverkehr dienen, also z. B. Personalräume, Büroräume, Arbeitsräume (z. B. Werkstätten).

10 Da Ladenstraßen nicht als Verkaufsräume gelten, sind sie besonders aufgeführt. Sie sind überdachte oder überdeckte Flächen, an denen Verkaufsräume liegen und die dem Kundenverkehr dienen. Rettungswege können auch über Ladenstraßen führen. Ladenstraßen können sich im Übrigen auch auf mehrere Geschosse erstrecken, die Rettungswege sind dann entsprechend anzuordnen.

11 Bei erdgeschossigen Anlagen können die Rettungswege unmittelbar oder mittelbar über Flure oder Ladenstraßen zu Ausgängen ins Freie führen. Bei mehrgeschossigen Anlagen müssen die Rettungswege unmittelbar oder mittelbar über Flure zu Treppenräumen notwendiger Treppen führen. Als Zwischenglied ist auch eine Ladenstraße denkbar.

12 Nun genügt nicht nur ein Rettungsweg, sondern es müssen zwei Rettungswege vorhanden sein, die von einander unabhängig sind, d. h. von den Ausgängen der Verkaufsräume usw. müssen zwei Rettungswege erreicht werden können, die möglichst entgegengesetzt liegen sollen. Das schließt z. B. nicht aus, dass ein Ausgang auf einen Flur geht, von dem aus in entgegengesetzten Richtungen zwei Treppenräume notwendiger Treppen erreichbar sind. Ausgänge auf Stichflure scheiden damit aus. Es ist hierbei zu berücksichtigen, dass es nicht nur in dem Raum brennen kann, aus dem man sich retten muss, sondern auch in einem benachbarten Raum, an dem man dann nicht mehr vorbeikommt.

13 Bei erdgeschossigen Anlagen sollen die Ausgänge möglichst unmittelbar ins Freie oder mittelbar über abgeschlossene Flure ins Freie führen. Die weitere Führung der Rettungswege zu öffentlichen Verkehrsflächen ergibt sich aus § 25 Abs. 1.

14 Der zweite Rettungsweg ist im Grundsatz auszubilden wie der erste. Abs. 1 Satz 2 enthält aber eine Abweichung der Art, dass anstelle eines dieser Rettungswege ein Rettungsweg über Außentreppen ohne Treppenräume, Rettungsbalkone, Terrassen und begehbare Dächer auf das Grundstück (d. h. ins Freie) führen darf, wenn hinsichtlich des Brandschutzes keine Bedenken bestehen. Dieser Rettungsweg gilt als Ausgang ins Freie. Bedenken

wegen des Brandschutzes könnten bestehen, wenn z. B. der Rettungsweg zu lang oder zu unübersichtlich werden würde oder nicht gegen anschließende Gebäudeteile geschützt werden kann.
Die Rettungswege dürfen nicht über Verkehrsflächen führen, die der Warenanlieferung dienen.

3. Zulässige Länge der Rettungswege

Für die zulässige Länge der Rettungswege gilt Folgendes:

3.1 Verkaufsräume

Grundmaß 25 m:

Von jeder Stelle eines Verkaufsraums muss nach Abs. 2 Nr. 1 in höchstens 25 m Entfernung mindestens ein Ausgang ins Freie oder ein Treppenraum notwendiger Treppen erreichbar sein (erster Rettungsweg)
Unter Verkaufsräume fallen alle Räume nach der Begriffsbestimmung in § 2 Abs. 3. Ein Verkaufsraum mit mehr als 100 m² Fläche muss mindestens zwei Ausgänge haben (§ 14 Abs. 1).
Das Maß von 25 m nach Abs. 2 Nr. 1 ist kürzer als das Maß von 35 m, das allgemein nach § 32 Abs. 2 Satz 1 MBO gefordert wird, was sich aus der Gefahrenlage ergibt. Das Maß von 25 m darf verlängert werden, wenn die Voraussetzungen der Abs. 3 und 4 vorliegen. Der zweite Rettungsweg kann länger sein.

Zusätzliche Länge von 35 m auf einer Ladenstraße:

Der erste Rettungsweg darf, soweit er über eine Ladenstraße führt, auf der Ladenstraße eine zusätzliche Länge von höchstens 35 m haben, wenn die Ladenstraße Rauchabzugsanlagen hat und der erforderliche zweite Rettungsweg für Verkaufsräume mit einer Fläche von mehr als 100 m² nicht über diese Ladenstraße führt (Abs. 3).
Der Rettungsweg darf somit zwischen der Stelle im Verkaufsraum bis zu einem Ausgang ins Freie oder einem Treppenraum notwendiger Treppen bis zu 80 m lang sein, wobei die zusätzliche Länge bis zu 35 m auf der Ladenstraße liegen muss. Unbeachtlich ist, ob die Verkaufsstätte gesprinklert ist oder nicht. Der Rettungsweg kann auch von einem Brandabschnitt in einen anderen führen.

Bauvorschriften

Zusätzliche Länge von 35 m bei Verkaufsstätten mit Sprinkleranlagen oder erdgeschossigen Verkaufsstätten:

21   In Verkaufsstätten mit Sprinkleranlagen oder in erdgeschossigen Verkaufsstätten darf der erste Rettungsweg innerhalb von Brandabschnitten eine zusätzliche Länge von höchstens 35 m haben, soweit er über einen notwendigen Flur für Kunden (§ 13 Abs. 3) mit einem unmittelbaren Ausgang ins Freie oder in einen Treppenraum notwendiger Treppen führt (Abs. 4).

22   Es scheiden aus mehrgeschossige Verkaufsstätten ohne Sprinkleranlagen und es wirkt sich aus, dass die Brandabschnitte erdgeschossiger Verkaufsstätten begrenzt sind, siehe § 6 Abs. 1.

23   Das mögliche Maß von 60 m kann nur innerhalb eines Brandabschnitts ausgenützt werden. Die Verlängerungen der Rettungsweglänge nach Abs. 3 und 4 schließen sich nicht gegenseitig aus. Es kann somit der (erste) Rettungsweg um zweimal 35 m verlängert werden, wenn in beiden Fällen die Voraussetzungen der Abs. 3 und 4 zutreffen, im günstigsten Fall kann sich eine Länge bis zu 95 m ergeben. Eine weitere Verlängerung ist u. U. durch eine Treppenraumerweiterung nach § 12 Abs. 3 möglich.

3.2. Rettungswege im Verkaufsraum

24   Von jeder Stelle eines Verkaufsraums muss ein Hauptgang oder eine Ladenstraße in höchstens 10 m Entfernung erreichbar sein (Abs. 5). Mit Verkaufsräumen sind hier vorrangig die (größeren) Räume angesprochen, in denen Waren zum Verkauf angeboten werden (siehe die Rdnr. 27 der Erl. zu § 2) Diese Räume sind durch Hauptgänge und Nebengänge zu unterteilen.

25   Die Anforderungen an Hauptgänge enthält § 13 Abs. 4. Es handelt sich hier also um einen Rettungsweg im Raum selbst. Aus dem Maß von 10 m ergibt sich die Unterteilung des Raumes durch Hauptgänge. Die Hauptgänge müssen dann zu den Ausgängen führen.

3.3 Sonstige Räume und Ladenstraßen

Grundmaß 35 m:

26   Von jeder Stelle eines sonstigen Raumes oder einer Ladenstraße muss nach Abs. 2 Nr. 2 in höchstens 35 m Entfernung mindestens ein Ausgang ins Freie oder ein Treppenraum notwendiger Treppen erreichbar sein (erster Rettungsweg). Sonstige Räume sind alle Räume einer Verkaufsstätte, die keine Verkaufsräume sind, siehe die Begriffsbestimmung in § 2 Abs. 1, also z. B. Personalräume, Büroräume, Lagerräume, Installationsräume (auch im Keller- oder Obergeschoss). Diese Räume müssen, soweit sie Aufenthalts-

räume sind und eine Fläche von mehr als 100 m² haben, mindestens zwei Ausgänge haben (§ 14 Abs. 1). Dasselbe gilt für Ladenstraßen.

Für diese Räume wird ein größeres Maß für die Länge der Rettungswege zugestanden, da die Betriebsangehörigen, die die sonstigen Räume benutzten, mit den örtlichen Gegebenheiten vertraut ist. In Ladenstraßen sind die betrieblichen und baulichen Voraussetzungen günstiger als in den Verkaufsräumen. 27

Zusätzliche Länge von 35 m auf einer Ladenstraße:

Die Verlängerung des Rettungswegs nach Abs. 3 gilt auch für den ersten Rettungsweg der o. a. sonstigen Räume, sofern die Voraussetzungen des Abs. 3 gegeben sind. Von dem Rettungsweg mit einer Länge von bis zu 70 m dürfen somit bis zu 35 m auf einer Ladenstraße liegen. Zweifelhaft erscheint dagegen, ob diese Erleichterung auch für die Rettungswege der Ladenstraße selbst gilt, zudem der zweite Rettungsweg nicht über die Ladenstraße geführt werden darf. 28

Zusätzliche Länge von 35 m bei Verkaufsstätten mit Sprinkleranlagen und erdgeschossigen Verkaufsstätten:

Die Verlängerung des Rettungswegs nach Abs. 4 gilt auch für die Rettungswege der o. a. sonstigen Räume, wenn die Voraussetzungen des Abs. 4 gegeben sind. Bei Ladenstraßen werden die Voraussetzungen meist nicht vorliegen, da die zusätzliche Länge auf den Brandabschnitt beschränkt ist und die Rettungswege auch i. d. R. nicht über einen notwendigen Flur für Kunden führen. 29

4. Ermittlung der Rettungswegslänge

Anfangspunkt eines jeden Rettungswegs ist die ungünstigste Stelle in einem Raum. Endpunkt ist ein (unmittelbarer) Ausgang ins Freie oder ein Treppenraum einer notwendigen Treppe (es wird nicht gemessen bis zur Treppe selbst). 30

Ob ein Rettungsweg in der Länge dem vorgegebenen Maß entspricht, lässt sich ermitteln 31
– als Strecke, die tatsächlich zurückzulegen ist. Das setzt voraus, dass nicht nur der Grundriss, d. h. die einzelnen Räume, sondern auch Einbauten, Regale, Möblierung, Maschinen usw. festliegen, was dann in den Bauvorlagen eingetragen sein muss;
– als Strecke, die sich aufgrund der Raumaufteilung ergibt. Es wird angenommen, dass innerhalb eines Aufenthaltsraums oder Flurs der Weg 32

Bauvorschriften

zum Ausgang usw. in gerader Linie zurückgelegt werden kann. Bewegliche Einrichtungen, Möblierung usw. werden nicht berücksichtigt (Lauflinie) Diese Näherung reicht im Allgemeinen aus und ist praktikabel für den Vollzug insbesondere, wenn die Räume keine festen Einbauten aufweisen (die in Fluren, Treppenräumen usw. eh unzulässig sind),

33 – als Strecke, die in Luftlinie zwischen den zwei Endpunkten eines Rettungswegs gemessen wird. Feste Einbauten wie Maschinen, Stellwände, Schränke, u. U. auch Trennwände werden nicht berücksichtigt. Diese Methode ist weniger genau, führt aber zu schnellen Ergebnissen; die tatsächlichen Längen sind größer. Sie wird vorrangig angewandt bei Bauten mit großflächigen Räumen.

34 Die Verordnung legt fest, wie zu messen ist, nämlich gemäß Abs. 8 sind die Entfernungen nach den Abs. 2 bis 5 in der Lauflinie, jedoch nicht durch Bauteile zu messen. Das bedeutet, dass Mobiliar und andere bewegliche Einrichtungen vernachlässigt werden, feste Einbauten, hier insbesondere Regale und Verkaufstische zu berücksichtigen sind. Das ist schon darum geboten, weil in den Räumen, in denen verkauft wird, die Haupt- und Nebengänge durch diese Einbauten gebildet werden.

35 Die Bestimmung »Es darf nicht durch Bauteile gemessen werden« ist überflüssig, weil bei der Ermittlung der Rettungswegslänge nach Lauflinie nie durch Bauteile (z. B. Trennwände) oder feste Einbauten gemessen wird. Sie rührt wohl daher, dass in einer früheren Fassung nach Luftlinie hätte gemessen werden sollen. Es scheint aber über die Begriffe »Lauflinie« und »Luftlinie« keine einheitliche Auffassung zu bestehen, siehe die unterschiedliche Verwendung in bisher erschienen Verordnungen.

5. Ausführung der Rettungswege

36 Die umfassenden Bauteile von Rettungswegen müssen eine Mindestzeit einem in der Verkaufsstätte zu erwartenden Brand standhalten. Die Mindestzeit hängt davon ab, wie viele Menschen sich selbst retten müssen und wie viel Zeit die Feuerwehr für die Rettung und Brandbekämpfung benötigt.

37 Die Anforderungen im Einzelnen ergeben sich aus den §§ 11 ff. oder, soweit nichts geregelt ist, aus der Bauordnung selbst. Das letztere gilt z. B. für die in Abs. 1 Satz 2 genannten Bauteile, über die ein zweiter Rettungsweg führen kann; hinsichtlich des Brandverhaltens ist also z. B. zu fordern, dass Außentreppen aus nichtbrennbaren Baustoffen bestehen oder begehbare Dächer oder Decken feuerbeständig sind. Der Rettungsweg soll nach oben offen sein.

38 Nach Abs. 6 ist in Rettungswegen nur eine Folge von mindestens drei Stufen zulässig. Die Stufen müssen eine Stufenbeleuchtung haben. Nun müssen Verkaufsräume einschließlich der zugehörigen Rettungswege für

die besonderen Personengruppen nach § 52 Abs. 1 MBO stufenlos erreichbar sein. Stufen in diesen Fluren usw. sind damit ausgeschlossen.

Rettungswege müssen auch gegen die Wirkung von Rauch schützen. Das bedingt, dass die Öffnungen z. B. von Fluren oder Treppenräumen mit Abschlüssen versehen werden, die auch rauchdicht sind, oder dass z. B. bestimmte Treppenräume Rauchabzugsanlagen haben müssen. 39

Rettungswege müssen während der Nutzungsdauer jederzeit und ohne Hilfsmittel zugänglich sein. Das gilt nicht nur für den ersten Rettungsweg, sondern auch für den zweiten, insbesondere wenn dieser über Außentreppen, Rettungsbalkone oder begehbare Dächer führt (siehe Abs. 1 Satz 2). 40

Es ist ein grober Verstoß gegen die Sicherheit, wenn Türen in Rettungswegen während der Betriebszeit verschlossen sind (siehe § 15 Abs. Satz 2). Er kann deswegen auch als Ordnungswidrigkeit geahndet werden (§ 33 Nr. 2). 41

Wenn durch besondere Schließvorrichtungen ein unkontrolliertes Betreten oder Verlassen verhindert werden soll, sind Vorkehrungen zu treffen, dass im Gefahrenfall die Türen jederzeit geöffnet werden können (§ 15 Abs. 3 Satz 3). 42

Zur Verlegung von Leitungen in Rettungswegen siehe im Grundsatz § 37 Abs. 1 MBO sowie im einzelnen die »Richtlinien über brandschutztechnische Anforderungen an Leitungsanlagen«, die von den Ländern als technische Baubestimmung eingeführt worden sind. 43

6. Bauliche Maßnahmen für besondere Personengruppen

Die Rettungswege müssen den Anforderungen des § 52 MBO über bauliche Maßnahmen für besondere Personengruppen gerecht werden. Die Teile der Verkaufsstätte, die von Behinderten, alten Menschen und Müttern mit Kleinkindern aufgesucht werden können, das sind vor allem die Verkaufsräume, sind so herzustellen, dass sie von diesen Personen ohne fremde Hilfe benutzt werden können. Das gilt auch für die zugehörigen Rettungswege. 44

Die Verordnung enthält im Gegensatz zu früher, abgesehen von § 28, keine besonderen Vorschriften für die o. a. Personengruppen. Die wesentlichen Anforderungen ergeben sich aus § 52 Abs. 4 MBO. Das ist z. B. der stufenlose Zugang von der öffentlichen Verkehrsfläche zur Eingangsebene und von da zu den Verkaufsräumen; das sind die Bewegungsflächen vor den Türen, die notwendigen Durchgangsbreiten. Einzelheiten enthält die Norm DIN 18 024 Teil 2 – Barrierefreies Bauen; öffentlich zugängige Gebäude und Arbeitsstätten; Planungsgrundlagen – 45

Mindestens ein Aufzug ist mit zusätzlichen Ausrüstungen zu versehen, damit er auch für Rollstuhlfahrer geeignet ist. Damit ist jedoch noch nicht 46

Bauvorschriften

vorgesorgt, dass der Aufzug auch im Brandfall benutzt werden darf. Hierzu sind weitere Maßnahmen wie rauchgeschützte Vorräume, besondere Steuer- und Sicherheitseinrichtungen und u. U. eine eigene Stromversorgung erforderlich. Sollten diese nur mit einem unverhältnismäßigen Mehraufwand erfüllt werden können, so können nach § 52 Abs. 5 MBO Ausnahmen gestattet werden.

7. Sicherheitszeichen

47 An Kreuzungen der Ladenstraßen und der Hauptgänge in Verkaufsräumen sowie an Türen im Zuge von Rettungswegen ist deutlich und dauerhaft auf die Ausgänge durch Sicherheitszeichen hinzuweisen (Abs. 7). Auch von jeder Stelle eines Verkaufsraums oder einer Ladenstraße soll ein Sicherheitszeichen erkennbar sein.

48 Einzelheiten zu den o. a. Sicherheitszeichen und Anforderungen hinsichtlich weiterer Sicherheitszeichen enthält die Unfallverhütungsvorschrift VBG 125 »Sicherheits- und Gesundheitsschutzkennzeichnung« der Berufsgenossenschaften. Die Sicherheitszeichen sind deshalb auch nicht mehr als Teil der Verordnung abgedruckt.

49 Die Hinweise sind während der Betriebszeit, soweit notwendig auch bei Tag zu beleuchten. Ihre Beleuchtungseinrichtungen sind nach § 18 Nr. 6 an die Sicherheitsbeleuchtung anzuschließen. Hinweise und Richtungspfeile dürfen durch Dekorationen und Waren nicht verdeckt werden.

50 Bei größeren und unübersichtlich gegliederten Verkaufsräumen sind für die Kunden die Ausgänge häufig wegen der sonstigen Hinweise auf Waren und Sonderräume nur schwer zu erkennen. Es empfiehlt sich daher, die notwendigen Ausgänge zusätzlich zu den Hinweisen durch Rundumkennleuchten zu kennzeichnen. Diese sollen nicht während der ganzen Betriebszeit eingeschaltet werden, sondern nur, wenn eine Alarmlage gegeben ist. Vor allem müssen sie in Betrieb gesetzt werden, wenn die Verkaufsstätte geräumt werden soll. Die Rundumkennleuchten sind an die Stromversorgung der Sicherheitsbeleuchtung anzuschließen.

§ 11 Treppen

(1) Notwendige Treppen müssen feuerbeständig sein, aus nichtbrennbaren Baustoffen bestehen und an den Unterseiten geschlossen sein. Dies gilt nicht für notwendige Treppen nach § 10 Abs. 1 Satz 2, wenn wegen des Brandschutzes Bedenken nicht bestehen.

(2) Notwendige Treppen für Kunden müssen mindestens 2 m breit sein und dürfen eine Breite von 2,50 m nicht überschreiten. Für notwendige Treppen für Kunden genügt eine Breite von mindestens 1,25 m, wenn die Treppen für Verkaufsräume bestimmt sind, deren Fläche insgesamt nicht mehr als 500 m^2 beträgt.

(3) Notwendige Treppen brauchen nicht in Treppenräumen zu liegen und die Anforderungen nach Abs. 1 Satz 1 nicht zu erfüllen in Verkaufsräumen, die
1. feine Fläche von nicht mehr als 100 m^2 haben oder
2. eine Fläche von mehr als 100 m^2, aber nicht mehr als 500 m^2 haben, wenn diese Treppen im Zuge nur eines der zwei erforderlichen Rettungswege liegen.

Notwendige Treppen mit gewendelten Läufen sind in Verkaufsräumen unzulässig. Dies gilt nicht für notwendige Treppen nach Satz 1.

(4) Treppen für Kunden müssen auf beiden Seiten Handläufe ohne freie Enden haben. Die Handläufe müssen fest und griffsicher sein und sind über Treppenabsätze fortzuführen.

Erläuterungen

Übersicht

	Rdnr.
1. Allgemeines	1
2. Widerstandsfähigkeit gegen Feuer	7
3. Breite der Treppen	10
4. Notwendige Treppen in Verkaufsräumen	13
5. Treppen mit gewendelten Läufen	17
6. Handläufe	21

1. Allgemeines

Die allgemeinen Vorschriften über Treppen enthält § 31 MBO. § 11 ändert oder ergänzt § 31 Abs. 4 bis 6 MBO. Von den Vorschriften des § 31 MBO gelten auch für Verkaufsstätten

Abs. 1: Begriffsbestimmung für notwendige Treppen, Rampen statt Treppen,
Abs. 2: Einschiebbare Treppen und (Fahr-)Rolltreppen,
Abs. 3: Führung der Treppen in einem Zuge,
Abs. 7: Absturzsicherungen,
Abs. 8: Höhe der Geländer,
Abs. 9: Beginn einer Treppe hinter einer Türe.

Bauvorschriften

2   Treppen verbinden die Geschosse, sie sind damit die wesentlichen Rettungswege in der Senkrechten. Nach der Begriffsbestimmung in § 31 Abs. 1 Satz 1 MBO ist eine notwendige Treppe eine Treppe, die ein nicht zu ebener Erde liegendes Geschoss (das auch ein Kellergeschoss sein kann) und einen benutzbaren Dachraum zugänglich macht. Jede notwendige Treppe muss im Grundsatz in einem eigenen Treppenraum liegen (notwendiger Treppenraum nach § 32 Abs. 1 Satz 1 MBO).

3   Fahrtreppen (Rolltreppen) sind als notwendige Treppen ungeeignet und deshalb nach § 31 Abs. 2 Satz 1 MBO als notwendige Treppen unzulässig. Zu sonstigen Fahrtreppen siehe auch § 18 Arbeitsstättenverordnung, § 31 Unfallverhütungsvorschrift VBG 1 und die »Richtlinie für Fahrtreppen und Fahrsteige« (ZH 1/184).

4   Nicht notwendige Treppen sind solche, die zwar ebenfalls einer Verbindung der Geschosse dienen wie z. B. Treppen nach § 7 Abs. 3, aber keine Treppen im Zuge eines Rettungswegs sind. Die Anforderungen hinsichtlich der Begehbarkeit und der Verkehrssicherheit gelten für notwendige wie für nicht notwendige Treppen.

5   Die Treppen müssen gut begehbar sein, dazu gehört z. B. ein bequemes und gleichmäßiges Steigungsverhältnis, siehe im einzelnen die Norm DIN 18 065 – Gebäudetreppen; Hauptmaße –. Die Treppen müssen ferner verkehrssicher sein. Dieser Forderung dienen z. B. rauhe Gehbeläge, Handläufe als Griffhilfe, Beleuchtung, ausreichende Durchgangshöhen, Brüstungen, Treppenläufe müssen eine Folge von mindestens drei Stufen haben (§ 10 Abs. 6), siehe hierzu aber Rdnr. 38 der Erl. zu § 10.

6   An Treppen im Freien, die im Rettungsweg von der Verkaufsstätte zu einer öffentlichen Verkehrsfläche liegen, sind dieselben Anforderungen hinsichtlich Begehbarkeit und Verkehrssicherheit wie an Treppen in Gebäuden zu stellen.

2. Widerstandsfähigkeit gegen Feuer

7   Notwendige Treppen müssen nach Abs. 1 Satz 1 feuerbeständig sein, aus nichtbrennbaren Baustoffen bestehen und an den Unterseiten geschlossen sein (F 90-A). Die geschlossenen Unterseiten bedeuten, dass neben Trittstufen Setzstufen vorhanden sein müssen, wobei die Laufplatte im Ganzen feuerbeständig sein muss. Die Anforderung gilt auch für die Treppenpodeste.

8   Abs. 1 Satz 2 enthält eine Abweichung für Treppen im Zuge eines zweiten Rettungswegs über Außentreppen, Rettungsbalkone und begehbare Dächer nach § 10 Abs. 1 Satz 2. Die Anforderungen des Abs. 1 Satz 1 gelten nicht, wenn keine Bedenken wegen des Brandschutzes bestehen. Diese Treppen müssen auch nicht in Treppenräumen liegen. Bedenken wegen des

Brandschutzes können bestehen, wenn die Treppe z. B. keine Außentreppe ist oder nach Lage und Größe eine Ausführung aus nichtbrennbaren Baustoffen geboten ist.

An nicht notwendige Treppen werden – im Gegensatz zu früher – keine Anforderungen gestellt. In Verkaufsstätten mit Sprinkleranlagen werden auch die Treppen und Fahrtreppen in den Sprinklerschutz einbezogen. In Verkaufsstätten ohne Sprinkleranlagen sollten an Treppen, die feuerbeständige Decken durchbrechen, gewisse Mindestanforderungen gestellt werden, um eine Brandübertragung zu vermindern. 9

3. Breite der Treppen

Notwendige Treppen für Kunden müssen mindestens 2 m breit sein und dürfen eine Breite von 2,50 m nicht überschreiten (Abs. 2 Satz 1). Das Mindestmaß von 2 m entspricht der Mindestbreite der Ausgänge aus Verkaufsräumen (§ 14 Abs. 2) und der Flure (§ 13 Abs. 4). 10

Die notwendige Breite der Treppen insgesamt ergibt sich aus § 14 Abs. 3 in Verbindung mit § 11 Abs. 3. Es kann demnach notwendig sein, neben einer notwendigen Treppe eine weitere anzuordnen. Die nutzbare Breite von Fluren und Treppen darf im Zuge eines Rettungswegs nicht verringert werden. 11

Wenn die Treppen für Verkaufsräume bestimmt sind, deren Fläche insgesamt nicht mehr als 500 m^2 beträgt, genügt für notwendige Treppen für Kunden eine Breite von 1,25 m (Abs. 1 Satz 2). Die Fläche von 500 m^2 gilt für die Summe der Flächen der Verkaufsräume nach § 2 Abs. 3. Im Hinblick auf § 1 kann es sich hierbei nur um einen Teil einer größeren Anlage handeln. 12

4. Notwendige Treppen in Verkaufsräumen

Notwendige Treppen müssen nach § 32 Abs. 1 Satz 1 MBO in einem eigenen Treppenraum liegen. Damit sind notwendige Treppen ohne Treppenräume in Verkaufsstätten, nicht nur in Verkaufsräumen unzulässig. Abs. 3 lässt nun unter Abweichung von der o. a. Vorschrift in kleineren Verkaufsräumen notwendige Treppen ohne Treppenräume zu. 13

Notwendige Treppen ohne Treppenräume sind in Verkaufsräumen zulässig, wenn diese
1. eine Fläche von nicht mehr als 100 m^2 oder
2. eine Fläche von mehr als 100 m^2, aber nicht mehr als 500 m^2 haben und die Treppen außerdem im Zuge nur eines der zwei erforderlichen Rettungswege liegen. 14

Bauvorschriften

15 Für diese Treppen gelten auch nicht die Anforderungen des Abs. 1 Satz 1, wobei es keine Rolle spielt, ob die Verkaufsstätte gesprinklert ist oder nicht. Im Gegensatz zu Abs. 2 Satz 2 ist hier maßgebend die Fläche des einzelnen Verkaufsraums und nicht die Gesamtfläche der Verkaufsräume.

16 Die Zulässigkeit nicht notwendiger Treppen in Verkaufsräumen ergibt sich aus der Vorschrift über die Deckenöffnungen in § 7 Abs. 3.

5. Treppen mit gewendelten Läufen

17 Nach der früheren Fassung der Verordnung waren Wendeltreppen unzulässig, wobei offen blieb, ob damit nur Wendeltreppen nach der Norm oder auch Treppen mit gewendelten Läufen gemeint waren. Ausnahmen für untergeordnete Treppen waren möglich. Das Verbot galt für die Verkaufsstätte im Ganzen.

18 Nach Abs. 3 Satz 2 sind notwendige Treppen mit gewendelten Läufen in Verkaufsräumen unzulässig; dies gilt nicht für notwendige Treppen nach Abs. 3 Satz 1 (Abs. 3 Satz 3). Die Vorschrift reicht nicht aus: Sie bezieht sich nur auf notwendige Treppen mit Treppenräumen in Verkaufsräumen. Die meisten notwendigen Treppen einer Verkaufsstätte werden aber nicht in Verkaufsräumen liegen, sondern an geeigneten Stellen der Verkaufsstätte.

19 Es wäre daher sinnvoll, allgemein, d. h. für eine Verkaufsstätte im ganzen, wegen der schlechteren Begehbarkeit bei notwendigen Treppen keine gewendelten Läufe zuzulassen. Bei den kleineren Verkaufsräumen nach Abs. 3 Satz 1 kann es hingenommen werden, dass auch notwendige Treppen gewendelte Läufe (aber zumindest keine Spindeltreppen) aufweisen.

20 Für nicht notwendige Treppen sind gewendelte Läufe denkbar. Die Norm DIN 18 064 enthält Beispiele für Treppen mit ganz oder teilweise gewendelten Läufen (wobei ein Sonderfall Spindel- und Wendeltreppen sind).

6. Handläufe

21 Treppen für Kunden müssen auf beiden Seiten Handläufe ohne freie Enden haben. Die Handläufe müssen fest und griffsicher sein und sind über Treppenabsätze fortzuführen (Abs. 4).

22 Treppen sind bereits nach den allgemeinen Vorschriften mit festen Handläufen zu versehen, es genügen also nicht z. B. Seile. Bei Kundentreppen (notwendigen und nicht notwendigen) wird, um im Gedränge Unfälle zu vermeiden, darüber hinaus verlangt, dass die Handläufe über Treppen-

absätze (damit sind die Zwischenabsätze gemeint) fortzuführen sind und keine freien Enden (an den Hauptabsätzen) haben dürfen.

§ 12 Treppenräume, Treppenraumerweiterungen

(1) Innenliegende Treppenräume notwendiger Treppen sind in Verkaufsstätten zulässig.
(2) Die Wände von Treppenräumen notwendiger Treppen müssen in der Bauart von Brandwänden hergestellt sein. Bodenbeläge müssen in Treppenräumen notwendiger Treppen aus nichtbrennbaren Baustoffen bestehen.
(3) Treppenraumerweiterungen müssen
1. die Anforderungen an Treppenräume erfüllen,
2. feuerbeständige Decken aus nichtbrennbaren Baustoffen haben und
3. mindestens so breit sein, wie die notwendigen Treppen, mit denen sie in Verbindung stehen.
Sie dürfen nicht länger als 35 m sein und keine Öffnungen zu anderen Räumen haben.

Erläuterungen

Übersicht

	Rdnr.
1. Allgemeines	1
2. Verhältnis § 32 MBO und § 12 MVkVO	3
3. Innenliegende Treppenräume	19
4. Umfassungen der Treppenräume	21
5. Verkleidungen usw.	23
6. Treppenraumerweiterungen	29

1. Allgemeines

Von den Rettungswegen, die praktisch von jedem Raum letzten Endes bis zur öffentlichen Verkehrsfläche führen, ist in einem mehrgeschossigen Gebäude der Treppenraum mit der notwendigen Treppe das wichtigste Glied. Die Treppe, die in ihm liegt, ist der Rettungsweg für die Benutzer und ermöglicht der Feuerwehr Rettungs- und Löschmaßnahmen. 1

Der Treppenraum soll so ausgeführt sein, 2
– dass Feuer und Rauch nicht in ihn eindringen können,

- dass Feuer und Rauch auch nicht von außen in ihn eindringen können,
- dass er möglichst lange standsicher bleibt und sicher begangen werden kann,
- dass er keine Brandlast enthält, weder durch Einbauten noch sonstige Nutzungen, die nicht zur Funktion gehören,
- dass er belichtet, belüftet und entraucht werden kann.

2. Verhältnis § 32 MBO und § 12 MVkVO

3   Die allgemeinen Vorschriften über Treppenräume und Ausgänge enthält § 32 MBO. Die §§ 10, 12, 15 und 18 der Verordnung ändern oder ergänzen diese zum Teil. Im Einzelnen ergibt sich zu § 32 MBO Folgendes:

4   § 32

Abs. 1: Nach Satz 1 muss jede notwendige Treppe in einem Treppenraum liegen. Abweichungen enthalten § 10 Abs. 1 Satz 2 und § 11 Abs. 3. Satz 2 ist nicht einschlägig.

5   Abs. 2: Die zulässige Länge der Rettungswege ist geregelt in § 10 Abs. 2 bis 4.

6   Abs. 3: Übereinander liegende Kellergeschosse müssen mindestens zwei Ausgänge zu notwendigen Treppenräumen oder ins Freie haben.

7   Abs. 4: Notwendige Treppenräume müssen nach Satz 1 (auch in Verkaufsstätten) durchgehend sein und an einer Außenwand liegen. Nach Satz 2 konnten innenliegende Treppenräume gestattet werden. § 12 Abs. 1 enthält stattdessen eine Zulässigkeitsregel für innenliegende Treppenräume.

8   Abs. 5: Jeder Treppenraum muss nach Satz 1 einen sicheren Ausgang ins Freie haben. Die Treppenraumerweiterung nach § 12 Abs. 3 ersetzt Sätze 2 und 3.

9   Abs. 6: Die Vorschrift ist nicht einschlägig.

10 Abs. 7: Satz 1 erster Halbsatz deckt sich mit § 12 Abs. 2 Satz 1. Satz 2 über Außenwände von Treppenräumen gilt auch für Verkaufsstätten.

11 Abs. 8: Die Anforderungen an Verkleidungen in Satz 1 Nr. 1 decken sich mit denen in § 9 Abs. 2 und 3. Hinsichtlich der Bodenbeläge enthält § 12 Abs. 2 Satz 2 eine Verschärfung gegenüber Satz 1 Nr. 2. Satz 2 über Leitungsanlagen ist anzuwenden.

12 Abs. 9: Im Hinblick auf die Ausführung der Treppenraumwände als Brandwand muss auch der obere Abschluss eines notwendigen Treppenraums feuerbeständig sein (F 90-AB), es sei denn, der Treppenraum wird bis unter die Dachhaut geführt.

13 Abs. 10: Die Anforderungen an die Abschlüsse der Öffnungen in den notwendigen Treppenräumen werden z.T. ergänzt oder geändert durch § 15 Abs. 1 und 2.

Abs. 11: Notwendige Treppenräume müssen zu lüften und zu beleuchten sein (Satz 1). Treppenräume, die an der Außenwand liegen, müssen öffenbare Fenster bestimmter Größe haben (Satz 2). Über Satz 3 hinaus müssen alle Treppenräume und Treppenraumerweiterungen eine Sicherheitsbeleuchtung haben (§ 18 Satz 2 Nr. 2). 14

Abs. 12: Die Vorschrift wird ersetzt durch § 16 Abs. 3 und 4. 15

Abs. 13: Die Vorschrift ist nicht einschlägig. 16

Unter einem eigenen, durchgehenden Treppenraum ist ein Gebäudeteil zu verstehen, in welchem nur die Treppen angeordnet sind und der durch alle Geschosse führt. Ein eigener Treppenraum dürfte eigentlich nur durch eine Öffnung in jedem Geschoss zugänglich sein. Erleichterungen von der Forderung nach einem eigenen Treppenraum enthalten § 10 Abs. 1 Satz 2 und § 11 Abs. 3. 17

Jeder notwendige Treppenraum muss einen unmittelbaren sicheren Ausgang ins Freie oder über eine Treppenraumerweiterung einen sicheren Ausgang ins Freie haben. 18

3. Innenliegende Treppenräume

Nach § 32 Abs. 4 Satz 1 zweiter Halbsatz MBO müssen notwendige Treppenräume an der Außenwand liegen. Diese Treppenräume müssen in jedem Geschoss Fenster mit einer Größe von mindestens 30 cm mal 90 cm haben, die geöffnet werden können. 19

§ 12 Abs. 1 lässt neben außenliegenden Treppenräumen auch innenliegende Treppenräume nicht nur als Ausnahme zu. Alle Treppenräume müssen zu belichten und belüften sein. Innenliegende Treppenräume notwendiger Treppen müssen Rauchabzugsanlagen nach § 16 Abs. 4 Satz 1, sonstige Treppenräume notwendiger Treppen, die durch mehr als zwei Geschosse führen, müssen Rauchabzugsvorrichtungen nach § 16 Abs. 4 Satz 2 haben. Alle Treppenräume müssen eine Sicherheitsbeleuchtung haben. 20

4. Umfassungen der Treppenräume

Die Wände von Treppenräumen notwendiger Treppen müssen in der Bauart von Brandwänden hergestellt sein (Abs. 2 Satz 1). Die Forderung entspricht § 32 Abs. 7 Satz 1 erster Halbsatz MBO. Sie gilt nicht, soweit diese Wände Außenwände sind, aus nichtbrennbaren Baustoffen bestehen und durch andere an diese Außenwände anschließende Gebäudeteile im Brandfall nicht gefährdet werden können (wenn z. B. der Treppenraum in einer einspringenden Gebäudeecke liegen oder seitliche Fenster zur Außenwand haben würde). 21

Bauvorschriften

22 Die Treppenpodeste (Hauptpodeste und Zwischenpodeste) sind (wie die Decken und Treppenläufe) feuerbeständig und aus nichtbrennbaren Baustoffen herzustellen. Dasselbe gilt für den oberen Abschluss eines notwendigen Treppenraums, es sei denn, der Treppenraum führt bis unter die Dachhaut.

5. Verkleidungen usw.

23 Die Anforderungen des § 9 Abs. 2 und 3 decken sich hinsichtlich der Verkleidungen in Treppenräumen notwendiger Treppen mit denen des § 32 Abs. 8 Satz 1 Nr. 1 MBO.

24 Wandverkleidungen einschließlich der Dämmstoffe und Unterkonstruktionen sowie Putze müssen aus nichtbrennbaren Baustoffen (A) bestehen.

25 Deckenverkleidungen einschließlich der Dämmstoffe und Unterkonstruktionen sowie Unterdecken, aber auch Putze müssen aus nichtbrennbaren Baustoffen bestehen.

26 Bodenbeläge in Treppenräumen notwendiger Treppen müssen ebenfalls aus nichtbrennbaren Baustoffen bestehen (Abs. 2 Satz 2), es genügt nicht eine Ausführung aus schwerentflammbaren Baustoffen wie nach § 32 Abs. 8 Satz 1 Nr. 2 MBO.

27 Einbauten in notwendigen Treppenräumen müssen, soweit sie zugelassen werden, aus nichtbrennbaren Baustoffen bestehen (§ 32 Abs. 8 Satz 1 Nr. 1 MBO).

28 Leitungsanlagen sind in Treppenräumen nur zulässig, wenn keine Bedenken wegen des Brandschutzes bestehen (§ 32 Abs. 8 Satz 2 MBO). Siehe hierzu die »Richtlinien über brandschutztechnische Anforderungen an Leitungsanlagen«, die von den Ländern als technische Baubestimmung eingeführt worden ist.

6. Treppenraumerweiterungen

29 Bei innenliegenden Treppenräumen lässt sich die Forderung nach einem unmittelbaren Ausgang ins Freie in der Regel nicht verwirklichen. Es muss also ein gesicherter Raum zwischen dem Treppenraum und dem Ausgang ins Freie angeordnet werden. Dieser Raum ist so auszubilden, dass er sicher als Rettungsweg benutzt werden kann. Er wird meist als gesicherter Flur, in der Verordnung aber als Treppenraumerweiterung (§ 2 Abs. 5) bezeichnet. § 12 Abs. 3 ersetzt § 32 Abs. 5 Satz 2 MBO.

30 Treppenraumerweiterungen müssen nach Abs. 3
– die Anforderungen an Treppenräume erfüllen,

– Wände in der Bauart von Brandwänden und feuerbeständige Decken aus nichtbrennbaren Baustoffen haben,
– einschließlich der Zugänge und Ausgänge mindestens so breit sein wie die notwendige Treppen, mit denen sie in Verbindung stehen; die Türen zu den Treppenräumen müssen § 15 Abs. 1 bzw. Abs. 2 entsprechen.

Die Treppenraumerweiterungen dürfen nicht länger als 35 m sein und keine Öffnungen zu anderen Räumen haben. Das Maß von 35 m kann den höchstzulässigen Längen der Rettungswege nach § 10 Abs. 2 bis 4 hinzugezählt werden. 31

§ 13 Ladenstraßen, Flure, Hauptgänge

(1) Ladenstraßen müssen mindestens 5 m breit sein.
(2) Wände und Decken notwendiger Flure für Kunden müssen
1. feuerbeständig sein und aus nichtbrennbaren Baustoffen bestehen in Verkaufsstätten ohne Sprinkleranlagen,
2. mindestens feuerhemmend sein und in den wesentlichen Teilen aus nichtbrennbaren Baustoffen bestehen in Verkaufsstätten mit Sprinkleranlagen.

Bodenbeläge in notwendigen Fluren für Kunden müssen mindestens schwerentflammbar sein.

(3) Notwendige Flure für Kunden müssen mindestens 2 m breit sein. Für notwendige Flure für Kunden genügt eine Breite von 1,40 m, wenn die Flure für Verkaufsräume bestimmt sind, deren Fläche insgesamt nicht mehr als 500 m^2 beträgt.

(4) Hauptgänge müssen mindestens 2 m breit sein. Sie müssen auf möglichst kurzem Wege zu Ausgängen ins Freie, zu Treppenräumen notwendiger Treppen, zu notwendigen Fluren für Kunden oder zu Ladenstraßen führen. Verkaufsstände an Hauptgängen müssen unverrückbar sein.

(5) Ladenstraßen, notwendige Flure für Kunden und Hauptgänge dürfen innerhalb der nach den Abs. 1, 3 und 4 erforderlichen Breiten nicht durch Einbauten oder Einrichtungen eingeengt sein.

(6) Die Anforderungen an sonstige notwendige Flure nach § 33 MBO bleiben unberührt.

Bauvorschriften

Erläuterungen

Übersicht

	Rdnr.
1. Flure und Ladenstraßen	1
2. Breite der Ladenstraßen	5
3. Ausführung notwendiger Flure für Kunden	6
4. Breite notwendiger Flure für Kunden	13
5. Sonstige notwendige Flure	16
6. Hauptgänge	23

1. Flure und Ladenstraßen

1   Flure dienen vorrangig der Verkehrserschließung. Notwendige Flure sind nach § 33 Abs. 1 Satz 1 MBO Flure, über die Rettungswege von Aufenthaltsräumen zu Treppenräumen notwendiger Treppen oder zu Ausgängen ins Freie führen.

2   Es wird unterschieden zwischen

– notwendigen Fluren für Kunden. Anforderungen enthalten § 13 Abs. 3 sowie § 7 Abs. 2 und § 9 Abs. 2 und 3, und

– sonstigen notwendigen Fluren. Die Anforderungen nach § 33 MBO über notwendige Flure und Gänge bleiben unberührt (§ 13 Abs. 6). Als notwendige Flure gelten nicht Flure innerhalb von Nutzungseinheiten, die einer Büronutzung dienen und deren Nutzfläche in einem Geschoss nicht mehr als 400 m^2 beträgt. § 7 Abs. 2 und § 9 Abs. 2 und 3 gelten auch für die sonstigen Flure, da die Vorschriften keine Einschränkung auf Flure für Kunden enthalten.

3   Ladenstraßen sind über ihre allgemeine Nutzung hinaus auch ähnlich wie Flure Teile von Rettungswegen. Die allgemeinen Anforderungen der Verordnung gelten selbstverständlich auch für Ladenstraßen, die Verordnung enthält aber auch an verschiedenen Stellen besondere Anforderungen an Ladenstraßen. Abs. 1 behandelt insoweit nur die Breite einer Ladenstraße.

4   Hauptgänge sind Rettungswege in Verkaufsräumen, sie unterteilen mit den Nebengängen die Verkaufsräume, siehe § 10 Abs. 5.

2. Breite der Ladenstraßen

5   Ladenstraßen müssen mindestens 5 m breit sein (Abs. 1). Eine größere Breite kann sich ergeben, wenn die Ladenstraße Teil eines ersten Rettungswegs ist oder einen Ersatz für eine Brandwand darstellt (§ 6 Abs. 2 und 3). Eine Ladenstraße darf innerhalb der erforderlichen Breiten durch Einbau-

ten oder Einrichtungen nicht eingeengt werden (Abs. 5); auf diesen Flächen dürfen auch keine Gegenstände abgestellt werden z. B. für einen Verkauf (§ 24 Abs. 2 Satz 2). Ansonsten können die Flächen außerhalb der erforderlichen Breiten ähnlich wie die Verkaufsräume genutzt werden.

3. Ausführung notwendiger Flure für Kunden

Wände und Decken notwendiger Flure für Kunden müssen nach Abs. 2 Satz 1   **6**
- in Verkaufsstätten ohne Sprinkleranlagen feuerbeständig sein und aus nichtbrennbaren Baustoffen bestehen (F 90-A),
- in Verkaufsstätten mit Sprinkleranlagen mindestens feuerhemmend sein und in den wesentlichen Teilen aus nichtbrennbaren Baustoffen bestehen (F 30-AB).

Für die Anforderungen an Decken nach den § 7 Abs. 1 und § 13 Abs. 2 ergibt sich folgender Vergleich: **7**

	§ 7	§ 13
- Mehrgeschossige Verkaufsstätten		
- mit Sprinkleranlagen	F 90-A	F 30-A
- ohne Sprinkleranlagen	F 90-A	F 90-A
- Erdgeschossige Verkaufsstätten		
- mit Sprinkleranlagen	A	F 30-A
- ohne Sprinkleranlagen	F 30-A	F 90-A

Notwendige Flure für Kunden sind Räume, die dem Kundenverkehr dienen und gelten damit nach § 2 Abs. 3 als Verkaufsräume. Das wird nach der Begründung zur Verordnung auch damit begründet, dass Flure leicht verändert werden können. Dem steht entgegen, wenn die Flurdecken anders ausgebildet werden sollen als die übrigen Geschossdecken (anders verhält es sich mit den Treppenraumerweiterungen nach § 12 Abs. 3).   **8**

In mehrgeschossigen Verkaufsstätten müssen alle Decken feuerbeständig sein (F 90-AB), das sollte auch für die Decken von Fluren gelten. In erdgeschossigen Verkaufsstätten werden an die Flurdecken höhere Anforderungen (F 30-A bzw. F 90-A) als an die sonstigen Decken gestellt. Das ist technisch machbar, wenn die Flure wie ein Rettungstunnel ausgebildet werden. Es erscheint fraglich, ob das vom Verordnungsgeber so gewollt und immer notwendig ist.   **9**

Die Ausführung der Türen ergibt sich aus § 15 Abs. 1 bis 3. Flure von mehr als 30 m Länge sollen durch nichtabschließbare, rauchdichte und selbstschließende Türen unterteilt werden (§ 33 Abs. 2 Satz 2 MBO).   **10**

Bodenbeläge in notwendigen Fluren für Kunden müssen nach Abs. 2 Satz 2 mindestens schwerentflammbar sein (B 1). Anforderungen an Wand-   **11**

Bauvorschriften

und Deckenverkleidungen einschließlich der Dämmstoffe und Unterkonstruktionen enthält § 9 Abs. 2 und 3; sie müssen nichtbrennbar (A) sein, dasselbe gilt für Unterdecken (§ 7 Abs. 2).

12 Die Anforderungen des Abs. 2 gelten auch für den – zwar wahrscheinlich seltenen – Fall, dass der notwendige Flur für Kunden durch einen offenen Gang vor einer Außenwand gebildet wird und als Rettungsweg zu einem notwendigen Treppenraum dient.

4. Breite notwendiger Flure für Kunden

13 Notwendige Flure für Kunden müssen mindestens 2 m breit sein. Je nach der Breite der Ausgänge, die auf den notwendigen Flur führen, kann sich eine größere Breite ergeben. Ein Ausgang, der in einen Flur führt, darf nicht breiter sein als der Flur. Das bedeutet umgekehrt, dass, wenn für die Ausgänge eine bestimmte Breite festgelegt wird, der Flur entsprechend breit sein muss.

14 Die Flure dürfen innerhalb der erforderlichen Breiten nicht durch Einbauten oder Einrichtungen eingeengt sein. Sonstige Einbauten, wenn überhaupt zugelassen, sollten wie die Verkleidungen aus nichtbrennbaren Baustoffen bestehen.

15 Eine geringere Breite von 1,40 m genügt, wenn Verkaufsräume mit insgesamt nicht mehr als 500 m^2 an einem notwendigen Flur für Kunden liegen, der nur für diese Räume bestimmt ist (Abs. 3 Satz 2). Zu Verkaufsräumen können auch kleinere Räume untergeordneter Nutzung gehören, siehe die Begriffsbestimmung in § 2 Abs. 3. Auch von dem Flur geringerer Breite müssen zwei Rettungswege erreichbar sein.

5. Sonstige notwendige Flure

16 Die sonstigen notwendigen Flure erschließen z. B. Personalräume, Büroräume oder Lagerräume. Für sonstige notwendige Flure gelten die Anforderungen des § 33 MBO. Sie müssen so breit sein, dass sie für den größten zu erwartenden Verkehr ausreichen.

17 Wände und Decken sind nach § 33 Abs. 3 Satz 1
– in Gebäuden mittlerer Höhe   feuerhemmend und in den wesentlichen Teilen aus nichtbrennb. Baustoffen (F 30-AB)
– in Gebäuden geringer Höhe   feuerhemmend (F 30-B)
herzustellen. Für die Decken stellt sich dasselbe Problem wie in den Rdnrn. 8 und 9 angeschnitten.

Für Unterdecken und Verkleidungen usw. gelten § 7 Abs. 2 und § 9 Abs. 2 und 3 unmittelbar, da diese Vorschriften keine Einschränkung auf Flure für Kunden enthalten. Wand- und Deckenverkleidungen, Dämmschichten, Unterkonstruktionen sowie Unterdecken sind aus nichtbrennbaren Baustoffen herzustellen. 18

Leitungsanlagen sind nach § 33 Abs. 5 Nr. 2 MBO nur zulässig, wenn keine Bedenken wegen des Brandschutzes bestehen, d. h. es sind entsprechende Vorkehrungen zu treffen, siehe § 37 Abs. 1 MBO sowie die Richtlinien über brandschutztechnische Vorkehrungen. 19

Türen müssen dicht schließen (§ 33 Abs. 3 Satz 2). Flure von mehr als 30 m Länge sollen ebenfalls durch nichtabschließbare, rauchdichte und selbstschließende Türen unterteilt werden. 20

6. Hauptgänge

Hauptgänge sind nebst den Nebengängen Rettungswege in einem Verkaufsraum selbst. Von jeder Stelle eines Verkaufsraums muss ein Hauptgang in höchstens 10 m Entfernung erreichbar sein (§ 10 Abs. 5). Verkaufsräume sind hier vor allem Räume, in denen Waren zum Verkauf angeboten werden und die deshalb von den Räumen einer Verkaufsstätte die größte Fläche aufweisen (siehe Rdnr. 27 der Erl. zu § 2). 21

Hauptgänge müssen mindestens 2 m breit sein. Sie müssen auf möglichst kurzem Wege zu Ausgängen ins Freie, zu Treppenräumen notwendiger Treppen, zu notwendigen Fluren für Kunden oder zu Ladenstraßen führen. Verkaufsstände an Hauptgängen müssen unverrückbar befestigt sein. 22

Die Breite darf nicht durch Einbauten oder Einrichtungen eingeengt werden (Abs. 5). Auf den Flächen dürfen keine Gegenstände abgestellt werden (§ 24 Abs. 2 Satz 2). 23

Für die Nebengänge forderte die Verordnung früher eine Breite von 1 m. Dieses Maß sollte möglichst erreicht werden. 24

§ 14 Ausgänge

(1) **Jeder Verkaufsraum, Aufenthaltsraum und jede Ladenstraße müssen mindestens zwei Ausgänge haben, die zum Freien oder zu Treppenräumen notwendiger Treppen führen. Für Verkaufs- und Aufenthaltsräume, die eine Fläche von nicht mehr als 100 m^2 haben, genügt ein Ausgang.**

(2) Ausgänge aus Verkaufsräumen müssen mindestens 2 m breit sein; für Ausgänge aus Verkaufsräumen, die eine Fläche von nicht mehr als 500 m² haben, genügt eine Breite von 1 m². Ein Ausgang, der in einen Flur führt, darf nicht breiter sein als der Flur.

(3) Die Ausgänge aus einem Geschoss einer Verkaufsstätte ins Freie oder in Treppenräume notwendiger Treppen müssen eine Breite von mindestens 30 cm je 100 m² der Flächen der Verkaufsräume haben; dabei bleiben die Flächen von Ladenstraßen außer Betracht. Ausgänge aus Geschossen einer Verkaufsstätte müssen mindestens 2 m breit sein. Ein Ausgang, der in einen Treppenraum führt, darf nicht breiter sein als die notwendige Treppe.

(4) Ausgänge aus Treppenräumen notwendiger Treppen ins Freie oder in Treppenraumerweiterungen müssen mindestens so breit sein wie die notwendigen Treppen.

Erläuterungen

Übersicht   Rdnr.

1. Allgemeines   1
2. Zahl der Ausgänge   2
3. Breite der Ausgänge   4
4. Berechnung der Ausgangsbreiten   7
5. Ausgänge ins Freie   14

1. Allgemeines

1 Ausgänge sind die Bindeglieder zwischen den einzelnen Teilen eines Rettungswegs, siehe Rdnr. 4 der Erl. zu § 10. Die Anforderungen hinsichtlich der Entfernungen zu den Ausgängen ergeben sich aus § 10 Abs. 2 bis 4. Zu den Türen in Rettungswegen siehe § 15. Die Kennzeichnung der Ausgänge ist geregelt in § 7 Abs. 7.

2. Zahl der Ausgänge

2 Jeder Verkaufsraum, Aufenthaltsraum und jede Ladenstraße müssen mindestens zwei Ausgänge haben, die zum Freien oder zu Treppenräumen notwendiger Treppen führen (Abs. 1 Satz 1). Die Vorschrift ergänzt § 10 Abs. 1 Satz 1, wonach für jeden Verkaufsraum, Aufenthaltsraum und jede Ladenstraße mindestens zwei voneinander unabhängige Rettungswege zu

Ausgängen ins Freie oder zu Treppenräumen notwendiger Treppen vorhanden sein müssen.

Für Verkaufsräume und Aufenthaltsräume, die eine Fläche von nicht mehr als 100 m² haben, genügt ein Ausgang (Abs. 1 Satz 2). Auch für diese Räume müssen dann zwei voneinander unabhängige Rettungswege vorhanden sein. Im Hinblick auf Satz 1 können die genannten Aufenthaltsräume nur solche sein, die keine Verkaufsräume sind.

3. Breite der Ausgänge

Ausgänge aus Verkaufsräumen müssen mindestens 2 m breit sein; für Ausgänge aus Verkaufsräumen, die eine Fläche von nicht mehr als 500 m² haben, genügt eine Breite von 1 m (Abs. 2 Satz 1). Es müssen aber zwei Ausgänge vorhanden sein, wenn die Räume eine Fläche von mehr als 100 m² aufweisen.

Die notwendige Breite der Ausgänge und die notwendige Zahl der Ausgänge aus einem Verkaufsraum ergeben sich aus der Berechnung nach Abs. 3 Satz 1.

Ein Ausgang, der in einen Flur führt, darf nicht breiter sein als der Flur. Das bedeutet umgekehrt, dass die Breite der Ausgänge die Flurbreite bestimmt.

4. Berechnung der Ausgangsbreiten

Die Ausgänge aus einem Geschoss einer Verkaufsstätte ins Freie oder in Treppenräume notwendiger Treppen müssen eine Breite von mindestens 30 cm je 100 m² der Flächen der Verkaufsräume haben; dabei bleiben die Flächen von Ladenstraßen außer Betracht (Abs. 3 Satz 1).

Die aus der Berechnung ermittelte Gesamtbreite der Ausgänge bestimmt die Breiten der einzelnen Ausgänge und deren Zahl und damit die Zahl und Lage der Rettungswege der Verkaufsstätte.

Ausgänge aus Geschossen einer Verkaufsstätte müssen mindestens 2 m breit sein (Abs. 3 Satz 2). Die Ausgänge können ins Freie, in Treppenräume notwendiger Treppen oder auf Ladenstraßen führen, siehe Rdnr. 4 der Erl. zu § 10.

Ausgänge, deren Benutzung durch Sperren, wie Drehkreuze verhindert oder behindert wird, dürfen nicht als Ausgänge in Ansatz gebracht werden. Ausgänge, die nur durch Kassenstände erreicht werden können, sind für die Entleerung nicht oder nur bedingt geeignet. Sie widersprechen auch der Vorschrift, wonach Ausgänge mindestens 2 m breit sein müssen. Es mag

Bauvorschriften

11 dahingestellt bleiben, ob im Einzelfall gewisse Breiten angerechnet werden können.

11 Erdgeschossige Ausgänge ins Freie aus Verkaufsräumen sollen nicht durch Treppenräume führen. Sie sind dementsprechend auch nicht bei der Berechnung der Ausgangsbreiten zu berücksichtigen.

12 Ein Ausgang, der in einen Treppenraum führt, darf nicht breiter sein als die notwendige Treppe (Abs. 3 Satz 3). Notwendige Treppen für Kunden müssen nach § 11 Abs. 2 Satz 1 mindestens 2 m breit sein und dürfen eine Breite von 2,50 m nicht überschreiten. Eine geringere Breite von 1,25 m genügt, wenn die Treppen für Verkaufsräume bestimmt sind, deren Fläche insgesamt nicht mehr als 500 m^2 beträgt.

13 Dadurch dass sich die Breiten der Treppen nur innerhalb bestimmter Maß bewegen dürfen, wird auch die Breite der Ausgänge auf den jeweiligen Treppenraum eingeschränkt. Das hat zur Folge, dass entsprechend mehr Treppenräume angeordnet werden müssen, um der Gesamtbreite der Ausgänge nachzukommen.

5. Ausgänge ins Freie

14 Ausgänge aus Treppenräumen notwendiger Treppen ins Freie oder in Treppenraumerweiterungen müssen mindestens so breit sein wie die notwendigen Treppen (Abs. 4). Die Treppenraumerweiterungen selbst müssen mindestens so breit sein wie die notwendigen Treppen, mit denen sie in Verbindung stehen (§ 12 Abs. 3 Satz 1 Nr. 3). Für die Ausgänge aus den Treppenraumerweiterungen ins Freie gilt dasselbe.

§ 15 Türen in Rettungswegen

(1) In Verkaufsstätten ohne Sprinkleranlagen müssen Türen von Treppenräumen notwendiger Treppen und von notwendigen Fluren für Kunden mindestens feuerhemmend, rauchdicht und selbstschließend sein, ausgenommen Türen, die ins Freie führen.

(2) In Verkaufsstätten mit Sprinkleranlagen müssen Türen von Treppenräumen notwendiger Treppen und von notwendigen Fluren für Kunden rauchdicht und selbstschließend sein, ausgenommen Türen, die ins Freie führen.

(3) Türen nach den Abs. 1 und 2 sowie Türen, die ins Freie führen, dürfen nur in Fluchtrichtung aufschlagen und keine Schwellen haben. Sie müssen während der Betriebszeit von innen leicht in voller Breite zu

öffnen sein. Elektrische Verriegelungen von Türen in Rettungswegen sind nur zulässig, wenn die Türen im Gefahrenfall jederzeit geöffnet werden können.

(4) Türen, die selbstschließend sein müssen, dürfen offengehalten werden, wenn sie Feststellanlagen haben, die bei Raucheinwirkung ein selbsttätiges Schließen der Türen bewirken; sie müssen auch von Hand geschlossen werden können.

(5) Drehtüren und Schiebetüren sind in Rettungswegen unzulässig; dies gilt nicht für automatische Dreh- und Schiebetüren, die die Rettungswege im Brandfall nicht beeinträchtigen. Pendeltüren müssen in Rettungswegen Schließvorrichtungen haben, die ein Durchpendeln der Türen verhindern.

(6) Rollläden, Scherengitter oder ähnliche Abschlüsse von Türöffnungen, Toröffnungen oder Durchfahrten im Zuge von Rettungswegen müssen so beschaffen sein, dass sie von Unbefugten nicht geschlossen werden können.

Erläuterungen

Übersicht

	Rdnr.
1. Allgemeines	1
2. Feuerschutztüren von Treppenräumen und Fluren	2
3. Sonstige Türen	6
4. Aufschlagen der Türen	10
5. Feststellanlagen	14
6. Drehtüren und Schiebetüren	15
7. Rollläden und Gitter	21

1. Allgemeines

§ 15 enthält die Anforderungen an Türen, und zwar vorrangig an die Türen von Treppenräumen notwendiger Treppen und von notwendigen Fluren für Kunden. An sonstige Türen ergeben sich Anforderungen aus § 5 Abs. 2 und § 6 Abs. 4 der Verordnung sowie aus § 33 Abs. 3 und § 32 Abs. 10 MBO sowie bei bestimmten Räumen u. U. aus den Sonderverordnungen (z. B. EltBauV) oder technischen Baubestimmungen (z. B. Lüftungszentralen). 1

2. Feuerschutztüren von Treppenräumen und Fluren

Türen von Treppenräumen notwendiger Treppen und notwendigen Fluren für Kunden, ausgenommen Türen, die ins Freie führen, müssen 2

Bauvorschriften

- in Verkaufsstätten mit Sprinkleranlagen rauchdicht und selbstschließend,
- in Verkaufsstätten ohne Sprinkleranlagen mindestens feuerhemmend (T 30), rauchdicht und selbstschließend

sein (Abs. 1 und 2).

3   Die Anforderungen gelten für alle Treppenräume, auch für solche, die u. U. nicht von Kunden benutzt werden. Nun sind mit der Vorschrift die Türen gemeint, die im Zuge von Rettungswegen liegen. Nachdem es nicht ausdrücklich untersagt ist, lässt es sich nicht ausschließen, dass an Treppenräumen auch Räume nach § 32 Abs. 10 MBO liegen, an deren Türen Anforderungen zu stellen sind.

4   Bei den Fluren sind nur die notwendigen für Kunden angesprochen. Die Anforderungen an die sonstigen notwendigen Flure ergeben sich aus § 33 Abs. 3 Satz 2 MBO.

5   Die Brauchbarkeit von Feuerschutzabschlüssen ist durch eine allgemeine bauaufsichtliche Zulassung nachzuweisen, wenn die Abschlüsse nicht nach einer Norm hergestellt und eingebaut werden oder wenn sie von einer solchen Norm wesentlich abweichen (siehe hierzu Bauregelliste A Teil 1 Nr. 6: Brandschutztüren einschließlich Zubehör). Zulassungsgemäß oder normgemäß hergestellte Feuerschutzabschlüsse sind mit einem besonderen Schild gekennzeichnet. Zu rauchdichten Türen siehe die Norm DIN 18 095 – Türen; Rauchschutztüren; Begriffe und Anforderungen –, zu feuerhemmenden Türen die Normen DIN 18 082 bis 18 084.

3. Sonstige Türen

6   Die Verordnung wie die Musterbauordnung enthalten an weiteren Stellen Anforderungen an die Abschlüsse von Öffnungen:

- Lagerräume und Werkräume
  Öffnungen in den Trennwänden von Lagerräumen sowie von Werkräumen mit erhöhter Brandgefahr müssen mindestens feuerhemmende (T 30) und selbstschließende Abschlüsse haben (§ 5 Abs. 2 Satz 3).

7   – Brandwände
  Öffnungen in Brandwänden müssen selbstschließende und feuerbeständige Abschlüsse (T 90) haben (§ 6 Abs. 4 Satz 1). Die Vorschrift deckt sich mit § 28 Abs. 8 MBO.

8   – Sonstige notwendige Flure
  Türen von sonstigen notwendigen Flure, also von Fluren nicht für Kunden, brauchen nach § 33 Abs. 3 Satz 2 MBO nur dicht schließen. Es mag dahingestellt bleiben, ob das immer ausreicht und nicht in Verkaufsstätten ohne Sprinkleranlagen wie in Abs. 1 eine mindestens feuerhemmende

– Räume nach § 32 Abs. 10 Nr. 1 MBO 9
Soweit an Treppenräumen Räume nach § 32 Abs. 10 Nr. 1 MBO liegen, z. B. Kellerräume oder nicht ausgebaute Dachräume, müssen die Türen zu diesen Räumen mindestens feuerhemmend (T 30), rauchdicht und selbstschließend sein. An dieser Forderung ist auch in Verkaufsstätten mit Sprinkleranlagen festzuhalten.

4. Aufschlagen der Türen

Türen von Treppenräumen notwendiger Treppen und von notwendigen 10 Fluren für Kunden sowie Türen, die ins Freie führen, dürfen nur in Fluchtrichtung aufschlagen und keine Schwellen haben (Abs. 3 Satz 1). Die Fluchtrichtung ist die Bewegungsrichtung, die letzten Endes bis ins Freie führt. Die Forderung gilt zwar im Grundsatz für alle Türen im Zuge von Rettungswegen, es wäre aber nach den baulichen Gegebenheiten denkbar bei kleineren Verkaufsräumen darauf zu verzichten

Ob Türen Feuerschutztüren sein müssen, ergibt sich aus den o. a. Vor- 11 schriften. Auch Feuerschutztüren können ohne Schwellen ausgeführt werden.

Türen müssen während der Betriebszeit von innen mit einem einzigen 12 Griff leicht in voller Breite zu öffnen sein (Abs. 3 Satz 2). Panikverschlüsse erlauben das Öffnen einer Türe in Fluchtrichtung, auch wenn sie abgeschlossen ist. Es lassen sich sowohl einflügelige als zweiflügelige Türen mit Panikverschlüssen ausrüsten. Die Verschlüsse müssen hoch liegen, damit sie leicht erreicht werden können. Die Verwendung von Panikstangenverschlüssen ist damit nicht ausgeschlossen.

Elektrische Verriegelungen von Türen in Rettungswegen sind nur zuläs- 13 sig, wenn die Türen im Gefahrenfall jederzeit geöffnet werden können (Abs. 3 Satz 3). Siehe hierzu die »Bauaufsichtlichen Richtlinien für automatische Schiebetüren und elektrische Verriegelungen von Türen in Rettungswegen«.

5. Feststellanlagen

Türen, die selbstschließend sein müssen, dürfen offen gehalten werden, 14 wenn sie Feststellanlagen haben, die bei Rauchentwicklung ein selbsttätiges Schließen der Türen bewirken; sie müssen auch von Hand geschlossen

Bauvorschriften

werden können (Abs. 4). Die Feststellanlagen bedürfen einer allgemeinen bauaufsichtlichen Zulassung.

6. Drehtüren und Schiebetüren

15 Drehtüren und Schiebetüren sind in Rettungswegen unzulässig; dies gilt nicht für automatische Dreh- und Schiebetüren, die die Rettungswege im Brandfall nicht beeinträchtigen (Abs. 5 Satz 1).

16 Automatische Drehflügeltüren entsprechen der Forderung, wenn sie – auch die sich nach innen öffnenden Türen – sich durch Druck nach außen öffnen lassen. Vorrichtungen, die bei Ausfall der Automatik. z. B. bei Stromausfall ein Öffnen der Türen bewirken, sind nur zulässig, wenn die Türen dabei nach außen aufschlagen.

17 Automatische Schiebetüren sind nur zulässig, wenn sie sich in jeder Stellung – in geschlossenem Zustand und in jeder Phase des Öffnens – als Drehflügeltür nach außen öffnen lassen. Siehe hierzu die o. a. bauaufsichtlichen Richtlinien.

18 Pendeltüren müssen in Rettungswegen Schließvorrichtungen haben, die ein Durchpendeln der Türen verhindern (Abs. 5 Satz 2).

19 Pendeltüren werden in Rettungswegen zwar zugelassen, müssen, aber Bodenschließer haben (sie sind sonst in Rettungswegen unzulässig).

20 Mit Schließvorrichtungen versehene Türen, die nur nach einer Seite aufschlagen und nur bis zur geschlossenen Stellung zurückschlagen können, sind nicht als Pendeltüren anzusehen.

7. Rollläden und Gitter

21 Rollläden, Scherengitter oder ähnliche Abschlüsse von Türöffnungen, Toröffnungen oder Durchfahrten im Zuge von Rettungswegen müssen so beschaffen sein, dass sie von Unbefugten nicht geschlossen werden können (Abs. 6).

22 Vorrangig sind damit Öffnungen im Zuge von Rettungswegen gemeint, die insbesondere während der Betriebszeit nicht durch Rollläden, Scherengitter oder ähnliche Abschlüsse verschlossen sein dürfen.

§ 16 Rauchabführung

(1) In Verkaufsstätten ohne Sprinkleranlagen müssen Verkaufsräume ohne notwendige Fenster nach § 44 Abs. 2 MBO sowie Ladenstraßen Rauchabzugsanlagen haben.

(2) In Verkaufsstätten mit Sprinkleranlagen müssen Lüftungsanlagen in Verkaufsräumen und Ladenstraßen im Brandfall so betrieben werden können, dass sie nur entlüften, soweit es die Zweckbestimmung der Absperrvorrichtungen gegen Brandübertragung zulässt.

(3) Rauchabzugsanlagen müssen von Hand und automatisch durch Rauchmelder ausgelöst werden können und sind an den Bedienungsstellen mit der Aufschrift »Rauchabzug« zu versehen. An den Bedienungseinrichtungen muss erkennbar sein, ob die Rauchabzugsanlage betätigt wurde.

(4) Innenliegende Treppenräume notwendiger Treppen müssen Rauchabzugsanlagen haben. Sonstige Treppenräume notwendiger Treppen, die durch mehr als zwei Geschosse führen, müssen an ihrer obersten Stelle eine Rauchabzugsvorrichtung mit einem freien Querschnitt von mindestens 5 v. H. der Grundfläche der Treppenräume, jedoch nicht weniger als 1 m^2 haben. Die Rauchabzugsvorrichtungen müssen von jedem Geschoss aus zu öffnen sein.

Erläuterungen

Übersicht   Rdnr.

1. Allgemeines   1
2. Verkaufsstätten ohne Sprinkleranlagen   5
3. Verkaufsstätten mit Sprinkleranlagen   10
4. Auslösung der Rauchabzugsanlagen   13
5. Treppenräume   15

1. Allgemeines

§ 16 enthält die Anforderungen an die Rauchabführung in Verkaufsstätten, wobei unterschieden wird, ob die Verkaufsstätten Sprinkleranlagen haben oder nicht. Es wird gesondert angesprochen der Rauchabzug von Treppenräumen. 1

Die Verordnung enthält keine Vorschriften mehr über die Lüftung der Verkaufsräume. Hierauf wurde verzichtet, um Doppelregelungen zu vermeiden. Dieser Bereich ist bereits in § 5 Arbeitsstättenverordnung und in der Arbeitsstättenrichtlinie ASR 5 geregelt. Die Lüftung dient natürlich 2

Bauvorschriften

nicht nur den Betriebsangehörigen, sondern auch den Kunden. Die Verordnung regelt aber den Fall, dass eine Lüftungsanlage auch der Rauchabführung dienen soll.

3 Für die Anforderungen an Lüftungsanlagen hinsichtlich ihrer Widerstandsfähigkeit gegen Feuer gilt § 37 MBO. Technische Einzelheiten enthalten die »Bauaufsichtlichen Richtlinien über brandschutztechnische Anforderungen an Lüftungsanlagen«, die in den Ländern als technische Baubestimmungen eingeführt sind.

4 Rauchabzugsanlagen und Rauchabzugsvorrichtungen sind durch Sachverständige zu prüfen, siehe § 30.

2. Verkaufsstätten ohne Sprinkleranlagen

5 In Verkaufsstätten ohne Sprinkleranlagen müssen Verkaufsräume ohne notwendige Fenster nach § 44 Abs. 2 MBO sowie Ladenstraßen Rauchabzugsanlagen haben (Abs. 1).

6 Rauchabzugsanlagen sind wegen der erheblichen Brandlasten in den Verkaufsräumen notwendig, es sei denn für den Rauchabzug reichen nach Zahl und Größe notwendige Fenster aus (was selten der Fall sein wird). Ladenstraßen als Teil von Verkaufsstätten ohne Sprinkleranlagen müssen ebenfalls Rauchabzugsanlagen haben.

7 Bei Rauchabzügen wird im Wesentlichen zwischen natürlichen Rauchabzügen und maschinellen Rauchabzügen unterschieden. Natürliche Rauchabzüge funktionieren nach dem thermischen Auftrieb. Beim maschinellen Rauchabzug ist der Rauch durch Ventilatoren entweder direkt oder über Leitungen abzusaugen. Daneben gibt es die Möglichkeit der Überdrucklüftung (Rauchschutz-Druckanlagen), die insbesondere für die Rauchfreihaltung von Treppenräumen angewandt wird.

8 Leitungen von Rauchabzugsanlagen müssen so ausgebildet sein, dass Feuer und Rauch nicht in andere Geschosse oder Brandabschnitte übertragen werden können. Anforderungen sind deshalb zu stellen an die Leitungen sowie deren Verkleidungen und Dämmstoffe hinsichtlich der Widerstandsfähigkeit gegen Feuer. Dasselbe gilt für die Lüfter nebst den zugehörigen Zentralen.

9 Rauchabzugsanlagen sind an eine Sicherheitsstromversorgungsanlage anzuschließen, die bei Ausfall der allgemeinen Stromversorgung den Betrieb übernimmt (§ 21 Nr. 4).

3. Verkaufsstätten mit Sprinkleranlagen

10 In Verkaufsstätten mit Sprinkleranlagen müssen Lüftungsanlagen in Verkaufsräumen und Ladenstraßen im Brandfall so betrieben werden können,

dass sie nur entlüften, soweit es die Zweckbestimmungen gegen Brandübertragung zulässt (§ 16 Abs. 2). Die Vorschrift geht hierbei davon aus, dass für die Verkaufsräume und Ladenstraßen (schon aufgrund anderer Vorschriften) Lüftungsanlagen vorhanden sind.

In Verkaufsstätten mit Sprinkleranlagen kann davon ausgegangen werden, dass Brände im Entstehungsstadium gelöscht werden und Rauchabzugsanlagen deshalb dann nicht erforderlich sind, wenn Lüftungsanlagen im Brandfall so betrieben werden, dass sie nur entlüften und den (kalten) Rauch abführen, soweit dies nicht zur Brand- und Rauchübertragung in andere Räume führt (aus der Begründung zur Verordnung). 11

Nun enthält die Vorschrift die Einschränkung, dass es die Zweckbestimmung von Absperrvorrichtungen in der Lüftungsanlage zulassen muss, dass die Anlage nur zur Entlüftung betrieben werden kann. In diesem Fall ist zu prüfen, ob dann eine Rauchabzugsanlage erforderlich ist. 12

4. Auslösung der Rauchabzugsanlagen

Rauchabzugsanlagen müssen von Hand und automatisch durch Rauchmelder ausgelöst werden können und sind an den Bedienungsstellen mit der Aufschrift »Rauchabzug« zu versehen. An den Bedienungsstellen muss erkennbar sein, ob die Rauchabzugsanlage betätigt worden ist (Abs. 3), zweckmäßig sollte auch die Stellung »offen oder geschlossen« erkennbar sein. 13

Die o. a. Vorschrift gilt sinngemäß auch für Lüftungsanlagen, die im Brandfall so betrieben werden sollen, dass sie nur entlüften. Es sind an einer sicher und leicht erreichbaren Stelle die entsprechenden Bedienungsvorrichtungen vorzusehen. 14

5. Treppenräume

Innenliegende Treppenräume notwendiger Treppen müssen Rauchabzugsanlagen haben (Abs. 4 Satz 1). Innenliegende Treppenräume sind nach § 12 Abs. 1 schlechthin zulässig. Rauchabzugsanlagen werden verlangt nicht nur für Verkaufsstätten ohne Sprinkleranlagen sondern auch für solche mit Sprinkleranlagen Für die Auslösung gilt Abs. 3 entsprechend. 15

Sonstige Treppenräume notwendiger Treppen, die durch mehr als zwei Geschosse führen, müssen an ihrer obersten Stelle eine Rauchabzugsvorrichtung mit einem freien Querschnitt von mindestens 5 v. H. der Grundfläche der Treppenräume, jedoch nicht weniger als 1 m^2 haben. Die Rauchabzugsvorrichtungen müssen von jedem Geschoss aus zu öffnen sein (Abs. 4 Sätze 2 und 3). 16

Bauvorschriften

§ 17 Beheizung

Feuerstätten dürfen in Verkaufsräumen, Ladenstraßen, Lagerräumen und Werkräumen zur Beheizung nicht aufgestellt werden.

Erläuterungen

1 Feuerstätten dürfen in Verkaufsräumen, Ladenstraßen, Lagerräumen und Werkräumen zur Beheizung nicht aufgestellt werden (§ 17). Die Anforderungen sonst an Feuerungsanlagen, Wärme- und Brennstoffversorgungsanlagen sowie deren Aufstellräume enthalten § 38 MBO und die Feuerungsverordnungen; hinzu kommen noch Vorschriften aus anderen Rechtsbereichen (Immissionsschutzrecht, Gerätesicherheitsrecht, Energieeinsparungsrecht)

2 Verkaufsräume sind alle Räume nach der Begriffsbestimmung in § 2 Abs. 3, siehe die Rdnrn. 23 bis 26 der Erl. zu § 2. Weitere Anforderungen an Lager- und Werkräume enthält § 5 Abs. 2.

3 Die Vorschrift erfasst deutlicher als bisher nur die der Beheizung dienenden Feuerstätten. Dienen die Feuerstätten anderen Zwecken (z. B. der Nahrungsmittelzubereitung in Galträumen, Konditoreien, Küchen oder handwerklichen Tätigkeiten), gilt das Verbot nicht.

4 Auf die bisherigen Vorschriften über die Oberflächentemperaturen von Wärmestrahlgeräten, Heizkörpern und Leitungen usw. ist zwar verzichtet worden, was jedoch nicht heißt, dass keine Vorkehrungen zu treffen sind, wenn durch zu hohe Temperaturen brennbare Stoffe in Brand gesetzt werden können (was sinngemäß auch für Leuchten und Scheinwerfer gilt).

§ 18 Sicherheitsbeleuchtung

Verkaufsstätten müssen eine Sicherheitsbeleuchtung haben. Sie muss vorhanden sein
1. in Verkaufsräumen,
2. in Treppenräumen, Treppenraumerweiterungen und Ladenstraßen sowie in notwendigen Fluren für Kunden,
3. in Arbeits- und Pausenräumen,
4. in Toilettenräumen mit einer Fläche von mehr als 50 m^2,
5. in elektrischen Betriebsräumen und Räumen für haustechnische Anlagen,
6. für Hinweisschilder auf Ausgänge und für Stufenbeleuchtung.

Erläuterungen

Übersicht

	Rdnr.
1. Allgemeines	1
2. Elektrische Anlagen	5
3. Sicherheitsbeleuchtung	9
4. Räume mit Sicherheitsbeleuchtung	10
5. Ausführung der Sicherheitsbeleuchtung	16

1. Allgemeines

Um bei einer Störung oder einem Ausfall der allgemeinen Stromversorgung Panik zu vermeiden, müssen die wesentlichen Räume der Verkaufsstätte einschließlich der Rettungswege bis zur öffentlichen Verkehrsfläche eine Sicherheitsbeleuchtung haben. Daneben bietet wegen der besonderen Verlegung die Sicherheitsbeleuchtung auch einen erhöhten Schutz im Brandfall. 1

In § 18 werden die Räume aufgeführt, für die eine Sicherheitsbeleuchtung installiert sein muss. Die technischen Einzelheiten enthält die Norm/VDE-Bestimmung 0108. 2

Die Sicherheitsstromversorgung der Sicherheitsbeleuchtung ergibt sich aus § 21. 3

Die Sicherheitsbeleuchtung ist durch Sachverständige zu prüfen, siehe § 30. 4

2. Elektrische Anlagen

Die Verordnungen enthielten früher allgemeine Anforderungen an elektrische Anlagen. Die Anforderungen an Energieanlagen sind aber ausreichend geregelt in § 16 Energiewirtschaftsgesetz vom 24. April 1998 (BGBl. I. S. 730). 5

Danach sind Energieanlagen so zu errichten und betreiben, dass die technische Sicherheit gewährleistet ist. Dabei sind vorbehaltlich sonstiger Rechtsvorschriften die allgemein anerkannten Regeln der Technik zu beachten. Die Einhaltung der allgemein anerkannten Regeln der Technik wird vermutet, wenn bei Anlagen zur Erzeugung, Fortleitung und Abgabe von Elektrizität die technischen Regeln des Verbandes Deutscher Elektrotechniker eingehalten (VDE) werden. 6

Nur in wenigen Fällen werden in bauaufsichtlichen Vorschriften elektrische Anlagen konkret angesprochen, dabei geht es um den Einbau bestimmter sicherheitsrelevanter Anlagen oder um deren Brandschutz. Die 7

Bauvorschriften

bauaufsichtliche Vorschrift betrifft dann jedoch nur die jeweilige Einbaupflicht und die Verpflichtung zu wiederkehrenden Prüfungen, nicht jedoch die technische Ausführen der elektrischen Anlage.

8 Leuchten und Scheinwerfer müssen von brennbaren Stoffen so weit entfernt oder so geschützt sein, dass sie nicht entflammen können.

3. Sicherheitsbeleuchtung

9 Verkaufsstätten müssen eine Sicherheitsbeleuchtung haben (Satz 1). In Satz 2 wird dann konkretisiert, in welchen Räumen eine Sicherheitsbeleuchtung vorhanden sein muss. Im Einzelfall kann es erforderlich sein, an die Sicherheitsbeleuchtung auch anzuschließen z. B. notwendige Flure zu Personalräumen, Rettungswege nach § 10 Abs. 1 Satz 2 oder sonstige Rettungswege auf Grundstücksflächen.

4. Räume mit Sicherheitsbeleuchtung

Eine Sicherheitsbeleuchtung muss nach Satz 2 vorhanden sein

10 – in Verkaufsräumen. Welche Räume als Verkaufsräume anzusehen sind, ergibt sich aus der Begriffsbestimmung des § 2 Abs. 3. Das sind vor allem Räume, in denen Waren zum Verkauf oder sonstige Leistungen angeboten werden oder die dem Kundenverkehr dienen (siehe die Rdnrn. 23 bis 26 der Erl. zu § 2);

11 – in Treppenräumen, Treppenraumerweiterungen und Ladenstraßen sowie in notwendigen Fluren für Kunden. Die Anforderung gilt sowohl für außenliegende als innenliegende Treppenräume nebst den zugehörigen Treppenraumerweiterungen. Auch wenn die Beleuchtungsverhältnisse in Ladenstraßen u. U. günstiger sind, bedarf es einer Sicherheitsbeleuchtung. Notwendige Flure für Kunden gelten zwar nach der Begriffsbestimmung des § 2 Abs. 3 als Verkaufsräume, werden aber vorsichtshalber nochmals genannt. Einfacher wäre es allerdings, für alle Rettungswege eine Sicherheitsbeleuchtung wie in einigen Landesverordnungen vorzuschreiben, was auch den Anforderungen der Norm DIN VDE 0108 Teil 1 entsprechen würde;

12 – in Pausen- und Arbeitsräumen. Damit sind Personalräume angesprochen, die keine Verkaufsräume sind (obwohl diese genaugenommen auch Arbeitsräume sind);

13 – in Toilettenräumen mit einer Fläche von mehr als 50 m^2. Die Toilettenräume (Sanitärräume) sind sowohl solche für Kunden als für Betriebsangehörige. Die bayerische Verordnung hat auf eine Flächenbegrenzung

verzichtet; es erscheint nicht unzweckmäßig alle Räume, die zusammen die Verkaufsräume bilden, mit Sicherheitsbeleuchtung zu versehen;
- in elektrischen Betriebsräumen und Räumen für haustechnische Anlagen. Zu den elektrischen Betriebsräumen siehe die (bauaufsichtliche) Verordnung über den Bau von Betriebsräumen für elektrische Anlagen (EltBauV). Räume für Haustechnische Anlagen sind z. B. Heizräume, Lüftungszentralen, Sprinklerzentralen, Räume für Ersatzstromaggregate und für Hauptverteilungen und Schaltanlagen;
- für Hinweisschilder auf Ausgänge (siehe § 10 Abs. 7) und für Stufenbeleuchtung (siehe § 10 Abs. 6).

5. Ausführung der Sicherheitsbeleuchtung

Die technische Regel über die Sicherheitsbeleuchtung nebst der zugehörigen Stromversorgung ist die Norm/VDE-Bestimmung

DIN/VDE 0108 Starkstromanlagen und Sicherheitsstromversorgung in baulichen Anlagen für Menschenansammlungen
Teil 1 – Allgemeines –
Teil 3 – Geschäftshäuser und Ausstellungsstätten –

Die Norm gilt für das Errichten und Instandhalten von Starkstromanlagen einschließlich der Sicherheitsstromversorgung in Bereichen und Rettungswegen von baulichen Anlagen für Menschenansammlungen, also nicht nur für die Sicherheitsbeleuchtung allein. Die Sicherheitsstromversorgung dient allen Sicherheitseinrichtungen, die bei Ausfall der allgemeinen Stromversorgung weiter betrieben werden müssen.

Die Sicherheitsbeleuchtung muss so beschaffen sein, dass sich Kunden und Betriebsangehörige auch bei vollständigem Versagen der allgemeinen Beleuchtung bis zu den öffentlichen Verkehrflächen gut zurechtfinden können. Die Sicherheitsbeleuchtung ist eine Beleuchtung, die zusätzlich zur allgemeinen Beleuchtung während der Betriebszeiten aus Sicherheitsgründen erforderlich ist. Sie wird bei Störung der allgemeinen Stromversorgung wirksam. Vorrangig dient sie dem Unfallschutz, wobei ein Stromausfall nicht mit einem Brand verbunden sein muss.

Die Sicherheitsbeleuchtung ist in Dauerschaltung oder in Bereitschaftsschaltung auszuführen. Bei Dauerschaltung sind die Lampen der Sicherheitsbeleuchtung in der Schaltstellung »Betriebsbereit« dauernd wirksam. Bei Bereitschaftsschaltung werden die Lampen der Sicherheitsbeleuchtung in der Schaltstellung »Betriebsbereit« bei Störung der Stromversorgung selbsttätig wirksam. Die Beleuchtungsstärke muss mindestens 1 Lux betragen. Sicherheitsbeleuchtung in Bereitschaftsschaltung wird vorrangig eingebaut in Räumen, die betriebsmäßig verdunkelt werden.

Bauvorschriften

20 Die Sicherheitsbeleuchtung muss eine Sicherheitsstromversorgung haben, die bei Ausfall der allgemeinen Stromversorgung sich selbsttätig innerhalb einer Sekunde einschaltet und für mindestens einen dreistündigen Betrieb ausgelegt ist (siehe § 21).

§ 19 Blitzschutzanlagen

Gebäude mit Verkaufsstätten müssen Blitzschutzanlagen haben.

Erläuterungen

1 Gebäude mit Verkaufsstätten müssen Blitzschutzanlagen haben (§ 19). Die Vorschrift konkretisiert § 17 Abs. 5 MBO, wonach bauliche Anlagen, bei denen nach Lage, Bauart oder Nutzung Blitzschlag leicht eintreten oder zu schweren Folgen führen kann, mit dauernd wirksamen Blitzschutzanlagen zu versehen sind. Die schweren Folgen ergeben sich bei einer Verkaufsstätte aus der Art der Nutzung (große Zahl von Kunden und Betriebsangehörigen, hohe Brandlast).
2 Die technischen Regeln für Blitzableiter wurden früher vom Ausschuss für Blitzableiterbau als »Allgemeine Blitzschutzbestimmungen« aufgestellt. Heute sind die den Blitzschutz betreffenden technischen Regeln enthalten in der Norm

DIN 57 185 – Blitzschutzanlagen –
Teil 1 – Allgemeines für das Errichten –
Teil 2 – Errichten besonderer Anlagen –.

Die Norm ist zugleich die VDE-Bestimmung 0185. Technische Regeln für die Blitzableiterbauteile enthalten die Normen DIN 48 801 bis 48 860.
3 Es liegt jetzt allerdings die Vornorm DIN V ENV 61 024-1 (VDE 0185 Teil 100) – Fassung August 1996 – vor, die den heutigen Wissensstand bringt; nach ihr sollten Blitzschutzanlagen geplant und ausgeführt werden.
4 Die Verordnung fordert im Gegensatz zu früher keine Prüfung einer Blitzschutzanlage vor der Inbetriebnahme und keine wiederkehrenden Prüfungen. Sofern sich nicht eine Prüfung aus den Anforderungen der Norm ergibt, dürfte es im eigenen Interesse des Bauherrn liegen, eine Anlage vor der Inbetriebnahme und wiederkehrend, vielleicht in größeren Zeitabständen als nach § 30 von einem Sachverständigen überprüfen zu lassen.

§ 20 Feuerlöscheinrichtungen, Brandmeldeanlagen und Alarmierungseinrichtungen

(1) Verkaufsstätten müssen Sprinkleranlagen haben. Dies gilt nicht für
1. erdgeschossige Verkaufsstätten nach § 6 Abs. 1 Satz 2 Nr. 3,
2. sonstige Verkaufsstätten nach § 6 Abs. 1 Satz 2 Nr. 4.
Geschosse einer Verkaufsstätte nach Satz 2 Nr. 2 müssen Sprinkleranlagen haben, wenn sie mit ihrem Fußboden im Mittel mehr als 3 m unter der Geländeoberfläche liegen und Verkaufsräume mit einer Fläche von mehr als 500 m^2 haben.
(2) In Verkaufsstätten müssen vorhanden sein:
1. geeignete Feuerlöscher und geeignete Wandhydranten in ausreichender Zahl, gut sichtbar und leicht zugänglich,
2. Brandmeldeanlagen mit nichtautomatischen Brandmeldern zur unmittelbaren Alarmierung der dafür zuständigen Stelle und
3. Alarmierungseinrichtungen, durch die alle Betriebsangehörigen alarmiert und Anweisungen an sie und an die Kunden gegeben werden können.

Erläuterungen

Übersicht   Rdnr.

1. Allgemeines   1
2. Sprinkleranlagen in Verkaufsstätten   8
3. Tiefer gelegene Verkaufsräume   13
4. Feuerlöscher und Wandhydranten   23
5. Brandmeldeanlagen   29
6. Alarmierungseinrichtungen   39

1. Allgemeines

In § 20 Abs. 1 wird geregelt, unter welchen Voraussetzungen Verkaufsstätten Sprinkleranlagen haben müssen. Diese stellen vorrangig auf die zulässige Größe der Brandabschnitte ab. Nun ist der Spielraum für Verkaufsstätten ohne Sprinkleranlagen nicht allzu groß: Der Anwendungsbereich der Verordnung nach § 1 beginnt bei einer Fläche für die Verkaufsräume und Ladenstraßen von mehr als 2000 m^2. Die Größe der Brandabschnitte ohne Sprinkleranlagen ist beschränkt auf 3000 m^2 bzw. 1500 m^2. Das bedeutet praktisch, dass die meisten Verkaufsstätten gesprinklert sind.

Bauvorschriften

2 Nicht nur die Größe der Brandabschnitte hängt davon ab, ob eine Verkaufsstätte gesprinklert ist oder nicht, sondern auch die Anforderungen in den meisten Vorschriften unterscheiden in dieser Hinsicht.

3 Sprinkleranlagen sind ortsfeste, selbsttätig wirkende Feuerlösch- und Brandmeldeanlagen, durch die Entstehungsbrände bekämpft werden. Sie schützen durch ein unter der Decke verlegtes Rohrleitungsnetz, das in regelmäßigen Abständen mit »Sprinklern« versehen ist. Das Löschmittel ist Wasser.

4 Sprinkleranlagen werden in der Regel »nass« ausgeführt, d. h. das Löschwasser steht unter Druck bis zum Sprinklerkopf. Die Sprühdüsen werden durch die Brandwärme am Ort ausgelöst.

5 Die Löschanlage reagiert bevorzugt auf offenes Feuer. Sie verkleinern nicht nur den Brandschaden, sie halten auch den Löschwasserschaden gering. Gleichzeitig mit dem Öffnen des ersten Sprinklers wird akustisch alarmiert und zu einer ständig besetzten Stelle gemeldet.

6 Sprinkleranlagen müssen ordnungsgemäß errichtet und regelmäßig gewartet und dürfen in ihrer Leistung nicht überfordert werden (z. B. bei Deckenhohlräumen oder Regalanlagen), damit sie auf Dauer wirksam sind. Besonders zu achten ist auf das Zusammenwirken von Sprinkleranlagen und Rauchabzugsanlagen.

7 In Verkaufsstätten müssen ferner vorhanden sein (Abs. 2)
– Feuerlöscher und Wandhydranten,
– Brandmeldeanlagen und
– Alarmierungseinrichtungen.

2. Sprinkleranlagen in Verkaufsstätten

8 Nach Abs. 1 Satz 1 müssen (alle) Verkaufsstätten Sprinkleranlagen haben. Dies gilt nach Abs. 1 Satz 2 nicht für
1. erdgeschossige Verkaufsstätten nach § 6 Abs. 1 Satz 2 Nr. 3,
2. sonstige Verkaufsstätten nach § 6 Abs. 1 Satz 2 Nr. 4.

9 Aus den Anforderungen des § 20 Abs. 1 in Verbindung mit § 6 Abs. 1 ergibt sich folgende Übersicht:
Verkaufsstätten müssen Sprinkleranlagen haben, wenn
– die Verkaufsstätte sich über mehr als drei Geschosse erstreckt,
– die Verkaufsstätte sich nicht über mehr als drei Geschosse erstreckt, aber nicht nur erdgeschossig ist, und die Fläche eines Brandabschnitts im Geschoss mehr als 1500 m^2 oder die Gesamtfläche der Brandabschnitte mehr als 3000 m^2 beträgt,
– die Verkaufsstätte nur erdgeschossig ist (§ 2 Abs. 2), ein Brandabschnitt aber mehr als 3000 m^2 beträgt.

Technische Regeln enthalten die Norm DIN 14 489 – Sprinkleranlagen – und die Richtlinien des Verbandes der Sachversicherer (VdS).

Die sichere Funktion einer Sprinkleranlage setzt voraus, dass ausreichend Löschwasser zur Verfügung steht. Der Wasserbedarf ergibt sich aus den o. a. Richtlinien. Siehe ferner das Arbeitsblatt W 405 »Bereitstellung von Löschwasser durch die öffentliche Trinkwasserversorgung« des DVGW.

Sprinkleranlagen sind nach § 30 Abs. 1 vor der ersten Inbetriebnahme und wiederkehrend zu prüfen.

3. Tiefer gelegene Verkaufsräume

Geschosse einer Verkaufsstätte nach Abs. 1 Satz 2 Nr. 2 müssen jedoch Sprinkleranlagen haben, wenn sie mit ihrem Fußboden im Mittel mehr als 3 m unter der Geländeoberfläche liegen und Verkaufsräume mit einer Fläche von mehr als 500 m^2 haben (§ 20 Abs. 1 Satz 3).

Für die Lage von Verkaufsräumen, deren Fußboden tiefer als die Geländeoberfläche liegt, gilt zusammenfassend folgendes:

- Verkaufsräume, deren Fußboden an keiner Stelle mehr als 1 m unter der Geländeoberfläche liegt, werden nach der Begriffsbestimmung in § 2 Abs. 2 als erdgeschossig betrachtet.
- Verkaufsräume dürfen nach § 22 Satz 2 mit ihrem Fußboden im Mittel nicht mehr als 5 m unter der Geländeoberfläche liegen. Tiefer gelegene Räume einer Verkaufsstätte sind nicht ausgeschlossen, dürfen jedoch keine Verkaufsräume sein, sondern z. B. Lager- oder Installationsräume.
- Geschosse mit Verkaufsräumen mit einer (gesamten) Fläche von mehr als 500 m^2 müssen gesprinklert sein, wenn sie im Mittel mehr als 3 m unter der Geländeoberfläche liegen (Abs. 1 Satz 3).
- Ladenstraßen müssen nicht unbedingt erdgeschossig sein. Die Beschränkungen für Verkaufsräume ergeben sich auch für Ladenstraßen.

Somit müssen Verkaufsstätten Sprinkleranlagen haben, wenn

- die Verkaufsräume allein mit ihrem Fußboden im Mittel mehr als 3 m unter der Geländeoberfläche liegen und eine Fläche von mehr als 500 m^2 haben (ein Sonderfall einer mehrgeschossigen Verkaufsstätte, denn die Treppenräume und sonstigen Zugänge müssen ja ins Erdgeschoss führen, siehe Rdnr. 8 der Erl. zu § 3),
- die Verkaufsräume allein mit ihrem Fußboden unter der Geländeoberfläche liegen, im Mittel aber nicht mehr als 3 m, die Fläche eines Brandabschnitts in diesem Geschoss jedoch mehr als 1500 m^2 beträgt (im Erdgeschoss münden dann Treppenräume und Ausgänge),

Bauvorschriften

20 – ein Teil der Verkaufsräume im Untergeschoss liegt, die Verkaufsstätte aber mehr als drei Geschosse aufweist, die Größe und Lage der Verkaufsräume im Untergeschoss spielen dann keine Rolle,

21 – die Verkaufsstätte (insgesamt) nicht mehr als drei Geschosse aufweist, wobei ein Teil der Verkaufsräume im Untergeschoss liegt, die Fläche eines Brandabschnitts aber im Geschoss mehr als 1500 m^2 oder die Gesamtfläche der Brandabschnitte mehr als 3000 m^2 betragen, die Größe und Lage der Verkaufsräume im Untergeschoss spielen dann keine Rolle,

22 – die Verkaufsstätte (insgesamt) nicht mehr als drei Geschosse aufweist, ein Teil der Verkaufsräume mit ihrem Fußboden im Mittel mehr als 3 m unter der Geländeoberfläche liegt, wobei diese Verkaufsräume insgesamt eine Fläche von mehr als 500 m^2 haben; die Fläche der Brandabschnitte je Geschoss und die Gesamtfläche überschreiten jedoch nicht 1500 m^2 bzw. 3000 m^2. Nachdem davon auszugehen ist, dass die Geschosse der Verkaufsstätte in offener Verbindung stehen, kann nicht das Untergeschoss allein gesprinklert werden, sondern es müssen nach den technischen Baubestimmungen für Sprinkleranlagen alle Geschosse gesprinklert werden. Die bayerische Verordnung erhebt deswegen die Forderung nach Sprinklerung für die Verkaufsstätte insgesamt.

4. Feuerlöscher und Wandhydranten

23 In Verkaufsstätten müssen nach Abs. 2 Nr. 1 vorhanden sein geeignete Feuerlöscher und geeignete Wandhydranten in ausreichender Zahl, gut sichtbar und leicht zugänglich.

24 Es dürfen nur Feuerlöscher verwendet werden, die typengeprüft und amtlich zugelassen sind. Es kommen im Allgemeinen Feuerlöscher für die Brandklasse A mindestens der Größe III nach der Norm DIN 14 406 in Frage. Feuerlöscher müssen ständig gebrauchsfähig gehalten werden; der Betreiber hat sie wiederkehrend prüfen zu lassen.

25 Feuerlöscher sind dann als gut gekennzeichnet anzusehen, wenn ihre Anbringungsstelle nach der Norm DIN 4066 Teil 2 – Hinweisschilder für Brandschutzeinrichtungen – gekennzeichnet ist. Die Feuerlöscher müssen leicht zu erreichen sein. Für die Anbringungsstellen ist, soweit erforderlich die Feuerwehr zu beteiligen.

26 Wandhydranten sind vor allem in den Treppenräumen und an den Ausgängen aus den Verkaufsbereichen anzuordnen; soweit erforderlich ist die Feuerwehr zu beteiligen.

27 Die Wandhydranten sind nach der Norm DIN 14 461 Teil 1 – Feuerlösch-Schlauchanschlusseinrichtungen – auszuführen und nach der Norm DIN 4066 Teil 2 zu kennzeichnen. Sie sind wie alle Feuerlöscheinrichtungen vom Betreiber wiederkehrend prüfen zu lassen.

Nach den örtlichen und betrieblichen Gegebenheiten sind auch Überflur- oder Unterflurhydranten auf den Grundstücksflächen oder öffentlichen Verkehrsflächen anzuordnen. Zu Hydranten siehe die Normen DIN 3221 bis 3223 sowie DIN 1988 Teil 6 – Feuerlösch- und Brandschutzanlagen –. 28

5. Brandmeldeanlagen

In Verkaufsstätten müssen nach Abs. 2 Nr. 2 vorhanden sein Brandmeldeanlagen mit nichtautomatischen Brandmeldern zur unmittelbaren Alarmierung der dafür zuständigen Stelle. 29

Die Verordnung verwendete früher den Begriff »Feuermeldeanlage« oder »Feuermeldeeinrichtung«, in den neueren technischen Regeln und in der Verordnung wird jetzt der Begriff »Brandmeldeanlage« gebraucht, siehe auch die Norm DIN 14 675. 30

Die einfachste Einrichtung, um ein Feuer, das entdeckt worden ist, an die Feuerwehr zu melden, ist der Fernsprecher. Brandmeldeanlagen sind dagegen Anlagen zur Übermittlung von Brandmeldungen, damit geeignete Gegenmaßnahmen getroffen werden können. Öffentliche Brandmeldeanlagen dienen dem Herbeirufen der zuständigen Feuerwehr. Nichtöffentliche Brandmeldeanlagen werden zur Überwachung bestimmter begrenzter Objekte errichtet; sie können an öffentliche Brandmeldeanlagen angeschlossen werden. 31

Wesentliche Teile einer Brandmeldeanlage sind die Brandmelder und die Brandmelderzentrale. Nichtautomatische Brandmelder werden von Hand ausgelöst. Automatische Brandmelder sind Teile einer Brandmeldeanlage, die eine geeignete physikalische und/oder chemische Kenngröße zur Erkennung des Brandes in dem zu überwachenden Bereich ständig oder in aufeinanderfolgenden Zeitintervallen auswertet und bei Erreichen eines Schwellenwerts automatisch eine Brandmeldung auslöst. 32

Technische Regeln für Brandmeldeanlagen enthalten die Normen DIN 14 675, EN 54 und DIN 57 833 (VDE 0833). Die Anlagen sind an die Sicherheitsstromversorgung anzuschließen (§ 21). 33

In der Verordnung wird gefordert, dass die Brandmeldeanlage mit nichtautomatischen Brandmeldern versehen sein muss, die Melder also von Hand ausgelöst werden müssen. Solche Melder werden i. d. R. in den Treppenräumen angeordnet. 34

Das schließt nicht aus, dass daneben auch automatische Brandmelder installiert werden (z. B. in Lagerräumen, Werkräumen, Abfallräumen). Abgesehen davon meldet eine Sprinkleranlage einen Brandfall immer automatisch. Die bayerische Verordnung lässt beide Arten wahlweise zu. 35

Bauvorschriften

36 Die Bauaufsichtsbehörde hat im Benehmen mit der Feuerwehr die Art der Brandmeldeanlage festzulegen, insbesondere Lage und Ausstattung der Brandmelderzentrale und die Weitergabe einer Brandmeldung. Die Brandmeldung ist auch in der Brandschutzordnung nach § 27 zu bestimmen.

37 Brandmeldeanlagen sind an die Sicherheitsstromversorgung anzuschließen (§ 21 Nr. 6).

38 Brandmeldeanlagen sind vor der Inbetriebnahme und wiederkehrend zu prüfen (§ 30 Abs. 1 Satz 1).

6. Alarmierungseinrichtungen

39 In Verkaufsstätten müssen nach Abs. 2 Nr. 3 Alarmierungseinrichtungen vorhanden sein, durch die alle Betriebsangehörigen alarmiert und Anweisungen an sie und an die Kunden gegeben werden können.

40 Alarmierungseinrichtungen sind sowohl Anlagen zur Warnung vor Gefahren als auch zur Alarmierung bestimmter, für die Brandbekämpfung eingesetzter Personen. Es gibt elektrische und nichtelektrische, optische und akustische Alarmanlagen. Für den Sicherheitsgrad privater Alarmierungseinrichtungen ist der Betreiber verantwortlich, sofern die Bauaufsichtsbehörde nicht festlegt, welche Art der Alarmierung vorzusehen ist.

41 Alarmierungseinrichtungen müssen an die Sicherheitsstromversorgung angeschlossen werden (§ 21 Nr. 7).

42 Art und Ablauf der Alarmierung sind in der Brandschutzordnung nach § 27 festzulegen.

§ 21 Sicherheitsstromversorgungsanlagen

Verkaufsstätten müssen eine Sicherheitsstromversorgungsanlage haben, die bei Ausfall der allgemeinen Stromversorgung den Betrieb der sicherheitstechnischen Anlagen und Einrichtungen übernimmt, insbesondere der
1. Sicherheitsbeleuchtung,
2. Beleuchtung der Stufen und Hinweise auf Ausgänge,
3. Sprinkleranlagen
4. Rauchabzugsanlagen,
5. Schließeinrichtungen für Feuerschutzabschlüsse (z. B. Rolltore),
6. Brandmeldeanlagen,
7. Alarmierungsanlagen.

Erläuterungen

Übersicht

	Rdnr.
1. Sicherheitsstromversorgung	1
2. Technische Regeln	10
3. Wesentliche Anforderungen	13
4. Ersatzstromquellen	16

1. Sicherheitsstromversorgung

Verkaufsstätten müssen nach § 21 eine Sicherheitsstromversorgungsanlage haben, die bei Ausfall der allgemeinen Stromversorgung den Betrieb der sicherheitstechnischen Anlagen und Einrichtungen übernimmt, insbesondere der

1. Sicherheitsbeleuchtung
   Der Umfang der Sicherheitsbeleuchtung ergibt sich aus § 18; sie ist für alle Verkaufsstätten vorgeschrieben;

2. Beleuchtung der Stufen und Hinweise
   Stufen in Rettungswegen müssen nach § 10 Abs. 6 eine Stufenbeleuchtung haben. An Kreuzungen der Ladenstraßen und der Hauptgänge sowie an Türen im Zuge von Rettungswegen ist nach § 10 Abs. 7 auf die Ausgänge durch beleuchtete Sicherheitszeichen hinzuweisen;

3. Sprinkleranlagen
   Die Errichtung von Sprinkleranlagen ist festgelegt in § 20 Abs. 1. Es ist davon auszugehen, dass die meisten Verkaufsstätten solche haben.

4. Rauchabzugsanlagen
   Rauchabzugsanlagen sind festgelegt in § 16.

5. Schließeinrichtungen für Feuerschutzabschlüsse
   Schließeinrichtungen von Türen sind angesprochen in § 15 Abs. 4. Die Verordnung nennt als Beispiel Rolltore; diese sind z. B. denkbar zwischen Brandabschnitten;

6. Brandmeldeanlagen
   Brandmeldeanlagen werden gefordert in § 20 Abs. 2 Nr. 2;

7. Alarmierungseinrichtungen
   Alarmierungseinrichtungen werden verlangt in § 20 Abs. 2 Nr. 3.

Bauvorschriften

9 Je nach dem Einzelfall sind weitere Anlagen an eine Sicherheitsstromversorgung anzuschließen, z. B. Feuerwehraufzüge (siehe die Norm DIN VDE 0108 Teil 1).

2. Technische Regeln

10 Die technischen Regeln für die Anlagen enthält die Norm und VDE-Bestimmung DIN/VDE 0108 Teil 1 – Starkstromanlagen und Sicherheitsstromversorgung in baulichen Anlagen für Menschenansammlungen –. Für Verkaufsstätten gilt zusätzlich Teil 3 der Norm.

11 Einrichtungen einer Sicherheitsstromversorgungsanlage sind Ersatzstromquellen, zugehörige Schalteinrichtungen, Verteiler, Haupt- und Verbraucherstromkreise bis zu den Anschlussklemmen der notwendigen Sicherheitseinrichtungen.

12 Zur Verlegung der elektrischen Leitungen, insbesondere solcher, die im Brandfall funktionsfähig bleiben sollen, siehe die »Bauaufsichtlichen Richtlinien über brandschutztechnische Anforderungen an Leitungsanlagen«.

3. Wesentliche Anforderungen

13 Die wesentlichen Anforderungen an eine Sicherheitsstromversorgungsanlage enthalten die Tabellen 1 und 2 der Norm.

Auszug aus den Tabellen 1 und 2 DIN/VDE 0108 Teil 1:

	Sicherheitsbeleucht.	Löschwasserversorg.	Alarmierungseinr.	Rauchabzugseinr.
Mindestbeleuchtungsstärke in Lux	1	–	–	–
Umschaltzeit in s max.	1	15	15	15
Nennbetriebsdauer der Ersatzstromquelle in h	3	12	3	3
zulässige Ersatzstromquelle: Gruppen- und Zentralbatt.	ja	nein	ja	ja
Ersatzstromaggregate, Schnell- und Sofortbereitschaftsaggregate	ja	ja	ja	ja

Eine Störung der allgemeinen Stromversorgung liegt vor, wenn die Spannung der allgemeinen Stromversorgung über einen Zeitraum von mehr als 0,5 s um mehr als 15 v. H. gesunken ist. Die Umschaltzeit ist die Zeitspanne, die zwischen dem Beginn der Störung der allgemeinen Stromversorgung und dem Wirksamwerden oder Wiederwirksamwerden der notwendigen Sicherheitseinrichtungen vergeht. 14

Die Beleuchtungsstärke darf die festgelegten Mindestwerte nicht unterschreiten. Sie bezieht sich bei Rettungswegen auf deren Mittellinie in 0,2 m Höhe über dem Fußboden oder über den Treppenstufen; sie bezieht sich bei sonstigen Flächen auf die jeweilige Arbeitsebene im allgemeinen 0,85 m über dem Fußboden (siehe die Norm DIN 5035 Teile 1 und 5). 15

4. Ersatzstromquellen

Für die Ersatzstromquellen gilt im Wesentlichen Folgendes:
- Gruppenbatterien kommen aufgrund ihrer Leistungsbegrenzung nur für kleinere Anlagen in Frage. 16
- Zentralbatterien versorgen die notwendigen Sicherheitseinrichtungen ohne Leistungsbegrenzung. 17
- Ersatzstromaggregate sind Stromerzeugungsaggregate mit einer Umschaltzeit von höchstens 15 s; hierbei wird das gesamte Aggregat nach Ausfall der allgemeinen Stromversorgung aus dem Stillstand in Betrieb gesetzt. 18
- Schnellbereitschaftsaggregate sind Stromerzeugungsaggregate mit einer Umschaltzeit von höchstens 0,5 s; hierbei dient ein Energiespeicher zur kurzzeitigen Energieversorgung der Verbraucher und gegebenenfalls zum Schnellhochfahren des Aggregats. 19
- Sofortbereitschaftsaggregate sind Stromerzeugungsaggregate ohne Umschaltzeit; hierbei dient ein Energiespeicher zur kurzzeitigen Energieversorgung der Verbraucher und gegebenenfalls zum schnellen Hochfahren des Motors. 20

§ 22 Lage der Verkaufsräume

Verkaufsräume, ausgenommen Gaststätten, dürfen mit ihrem Fußboden nicht mehr als 22 m über der Geländeoberfläche liegen. Verkaufsräume dürfen mit ihrem Fußboden im Mittel nicht mehr als 5 m unter der Geländeoberfläche liegen.

Bauvorschriften

Erläuterungen

Übersicht

	Rdnr.
1. Allgemeines	1
2. Höhenlage der Verkaufsräume	2
3. Tiefenlage der Verkaufsräume	9

1. Allgemeines

1   Im Hinblick auf die Gefahrenlage bei Verkaufsstätten (siehe die Einführung) ist es notwendig, die Lage der Verkaufsräume nach oben wie nach unten zu begrenzen. Diese Einschränkungen waren bereits in der Verordnung 1964 enthalten, allerdings mit dem Unterschied, dass der Begriff des Verkaufsraums nicht so weit gefasst war.

2. Höhenlage der Verkaufsräume

2   Verkaufsräume, ausgenommen Gaststätten, dürfen mit ihrem Fußboden nicht mehr als 22 m über der Geländeoberfläche liegen (§ 22 Satz 1).

3   Das Maß von 22 m knüpft an die Begriffsbestimmung für Hochhäuser in § 2 Abs. 3 Satz 2 MBO an: Hochhäuser sind Gebäude, bei denen der Fußboden mindestens eines Aufenthaltraums mehr als 22 m über der Geländeoberfläche liegt.

4   Je höher Nutzungseinheiten liegen, desto schwieriger werden Personenrettung und Löscharbeiten. An Hochhäuser werden deshalb in den materiellen Vorschriften – besonders in Bezug auf den Brandschutz – erhöhte Anforderungen gestellt und es werden in Hochhäusern bestimmte Nutzungen ausgeschlossen.

5   Geländeoberfläche ist nicht nur die natürliche (also vorhandene und nicht veränderte) Geländeoberfläche, sondern auch die zulässigerweise veränderte Geländeoberfläche, u. U. auch die von der Bauaufsichtsbehörde festgesetzte Geländeoberfläche.

6   Die Einschränkung für die Höhenlage von Verkaufsräumen gilt für alle Räume, die nach der Begriffsbestimmung in § 2 Abs. 3 darunterfallen. Das sind vor allem die Räume, in denen Waren zum Verkauf oder sonstige Leistungen angeboten werden einschließlich der weiteren Räume, die dem Kundenverkehr dienen.

7   Ausgenommen hinsichtlich der Höhenlage sind Gaststätten. Mit Gaststätten sind hier Räume angesprochen, in denen Speisen und Getränke zum Verzehr angeboten werden, also nicht nur Gaststätten im gaststättenrecht-

lichen Sinn, also z. B. auch Cafeterias, Erfrischungsräume (die früher in der Verordnung allein genannt waren).

Die Anforderungen der Verordnung an Verkaufsstätten im Ganzen und an Verkaufsräume, insbesondere hinsichtlich der Rettungswege und der Sprinklerung gelten natürlich auch für die Räume über der Hochhausgrenze, wobei noch weitere Anforderungen aus den Vorschriften für Hochhäuser kommen (siehe die bauaufsichtlichen Richtlinien für Hochhäuser). 8

3. Tiefenlage der Verkaufsräume

Die meisten Räume, die nach der Begriffsbestimmung in § 2 Abs. 3 als Verkaufsräume gelten, sind zugleich Aufenthaltsräume im Sinne des § 2 Abs. 5 MBO. Aufenthaltsräume sind in Kellergeschossen unzulässig, bestimmte Räume können aber (als Ausnahme) gestattet werden, genannt sind hier u. a. Verkaufsräume und Gaststätten (§ 46 Abs. 2 MBO). Die Verordnung macht nun aus der Ausnahmeregelung eine Zulässigkeitsregelung. 9

Nach § 22 Satz 2 dürfen Verkaufsräume mit ihrem Fußboden auch unter der Geländeoberfläche liegen, im Mittel jedoch nicht mehr als 5 m. Verkaufsräume ergeben sich aus der Begriffsbestimmung in § 2 Abs. 3. 10

An Geschosse einer Verkaufsstätte mit Verkaufsräumen, deren Fußboden im Mittel mehr als 3 m unter der Geländeoberfläche liegt, werden u. U. hinsichtlich der Sprinklerung weitergehende Anforderungen gestellt, siehe § 20 Abs. 1 und die Rdnrn. 13 ff. der Erl. hierzu. 11

Geschosse mit Räumen, die keine Verkaufsräume sind, z. B. Lagerräume, Technikräume oder Garagen können auch tiefer liegen. 12

Die Arbeitsstättenverordnung lässt im Übrigen auch Verkaufsräume und Schank- und Speiseräume unter Erdgleiche zu (§ 7 Abs. 1 ArbStättV). 13

§ 23 Räume für Abfälle

Verkaufsstätten müssen für Abfälle besondere Räume haben, die mindestens den Abfall von zwei Tagen aufnehmen können. Die Räume müssen feuerbeständige Wände und Decken sowie mindestens feuerhemmende und selbstschließende Türen haben.

Erläuterungen

Die Verordnung verlangt in jedem Fall besondere Räume zur Lagerung von Abfällen, da stets von einer Zwischenlagerung ausgegangen werden muss 1

Betriebsvorschriften

(§ 23). Die Vorstellung in § 16 a. F., dass Abfälle auch nicht vorübergehend gelagert werden müssen, hat sich als unrealistisch erwiesen.

2 Einen wesentlichen Anteil der Abfälle stellt das Verpackungsmaterial dar, das als leichtentflammbar einzustufen ist und gerade in Verkaufsstätten in großen Mengen anfällt. Dem Transport und der Lagerung ist im täglichen Betrieb daher besonderes Augenmerk zuzuwenden, z. B. hinsichtlich der Freihaltung der Rettungswege (was eigentlich als Betriebsvorschrift festgelegt werden müsste).

3 Die besonderen Räume für Abfälle müssen so groß sein, dass sie mindestens den Anfall von zwei Tagen aufnehmen können. Es ist Sache des Antragstellers, hierzu entsprechende Angaben zu machen.

4 Die Räume müssen feuerbeständige Wände und Decken sowie mindestens feuerhemmende und selbstschließende Türen haben. Das gilt auch dann, wenn an die Bauteile der Verkaufsstätte ansonsten keine oder geringere Anforderungen gestellt werden. Unmittelbare Ausgänge ins Freie sollen angestrebt werden.

5 Die Beseitigung oder Verwertung der Abfälle ergibt sich aus den Abfallgesetzen des Bundes und der Länder.

§ 24 Gefahrenverhütung

(1) Das Rauchen und das Verwenden von offenem Feuer ist in Verkaufsräumen und Ladenstraßen verboten. Dies gilt nicht für Bereiche, in denen Getränke oder Speisen verabreicht oder Besprechungen abgehalten werden. Auf das Verbot ist dauerhaft und leicht erkennbar hinzuweisen.

(2) In Treppenräumen notwendiger Treppen, in Treppenraumerweiterungen und in notwendigen Fluren dürfen keine Dekorationen vorhanden sein. In diesen Räumen sowie auf Ladenstraßen und Hauptgängen innerhalb der nach § 13 Abs. 1 und 4 erforderlichen Breiten dürfen keine Gegenstände abgestellt sein.

Erläuterungen

Übersicht

	Rdnr.
1. Allgemeines	1
2. Rauchen und Verwenden von offenem Feuer	5
3. Dekorationen	11
4. Freihaltung der Rettungswege	14

1. Allgemeines

Die Verkaufsstättenverordnung war früher in Abschnitte unterteilt. Die (jetzigen) §§ 24 bis 27 waren der Abschnitt »Betriebsvorschriften«. Diese Vorschriften sind auch auf die im Zeitpunkt des In-Kraft-Tretens der Verordnung bestehenden Verkaufsstätten anzuwenden (§ 32).

Den Bestimmungen für den Betrieb von Verkaufsstätten kommt für die Sicherheit besondere Bedeutung zu. Gefahren für Leben und Gesundheit kann nicht nur durch Anforderungen an die bauliche Beschaffenheit der Verkaufsstätte und die technischen Einrichtungen begegnet werden, sondern die Bauvorschriften müssen durch Betriebsvorschriften ergänzt werden.

Das Schwergewicht der Betriebsvorschriften liegt in der Bestellung von verantwortlichen Personen und Selbsthilfekräften, der Freihaltung der Rettungswege und der Vermeidung von Handlungen, die einen Brand verursachen können. Einzelheiten regelt eine Brandschutzordnung.

Unabhängig von den Betriebsvorschriften der Verordnung bleiben die Vorschriften des Arbeitsschutzes (insbesonders der Arbeitsstättenverordnung) und die Unfallverhütungsvorschriften der Berufsgenossenschaften (insbesondere der für den Einzelhandel).

2. Rauchen und Verwenden von offenem Feuer

In Verkaufsräumen und Ladenstraßen darf wegen den, zum großen Teil leichtentflammbaren Stoffen nicht geraucht und kein offenes Feuer verwendet werden (Abs. 1 Satz 1).

Das Verbot des Rauchens und der Verwendung offenen Feuers gilt für alle Räume, die nach der Begriffsbestimmung in § 2 Abs. 3 als Verkaufsräume gelten, also nicht nur für die Räume, in denen Waren zum Verkauf angeboten werden. Das Verbot gilt auch für Ladenstraßen. Nachdem diese häufig unmittelbar mit öffentlichen Verkehrsflächen in Verbindung stehen dürfte es allerdings nicht leicht sein, es durchzusetzen.

Offenes Feuer ist z. B. denkbar bei der Vorführung von Küchengeräten im Verkaufsraum. Früher ist auch noch das offene Licht genannt worden, jetzt nicht mehr, was aber wohl nicht zu dem Schluss führen darf, dass jetzt etwa Kerzenbeleuchtung erlaubt sei. Offenes Feuer ist in Werkräumen zulässig, weil diese nicht zu Verkaufsräumen zählen, vorausgesetzt, dass die einschlägigen Arbeitsschutzvorschriften eingehalten werden.

Das Verbot gilt nicht in Bereichen, in denen Speisen und Getränke verabreicht oder Besprechungen abgehalten werden, das sind also Gaststätten, Cafeterias, Erfrischungsräume, Küchen, Backstuben oder Sitzungsräume (§ 24 Abs. 1 Satz 2).

Betriebsvorschriften

9 Auf das Verbot ist dauerhaft und leicht erkennbar hinzuweisen (Abs. 1 Satz 3), das heißt in den jeweiligen Räumen.

10 Einzelne Länder hatten früher hierzu in einer Anlage zur Verordnung entsprechende Verbotsschilder aus der Norm DIN 4844 Teil 1 abgedruckt. In der Verkaufsstättenverordnung wird jetzt auf einen Abdruck verzichtet, weil Sicherheitszeichen in der Unfallverhütungsvorschrift VBG 125 nach Größe, Form und Inhalt für alle Arbeitsbereiche zwingend vorgeschrieben sind.

3. Dekorationen

11 In Treppenräumen notwendiger Treppen, in Treppenraumerweiterungen (§ 12) und in notwendigen Fluren (vor allem solche für Kunden nach § 13 Abs. 3) dürfen keine Dekorationen vorhanden sein (Abs. 2 Satz 1). Das Verbot gilt für alle Dekorationen, gleich wie ihr Brandverhalten ist.

12 Die Verordnung enthält ansonsten keine Vorschrift über Dekorationen in Verkaufsräumen und Ladenstraßen, wohl aus der Überlegung heraus, dass das im Hinblick auf die Brandlast in diesen Räumen keine Rolle spielt.

13 Die Länder hatten bisher z. T. verlangt, dass Dekorationen mindestens schwerentflammbar sein müssen, z. T. normalentflammbar, oder umgekehrt leichtentflammbare Dekorationen verboten. In einigen Ländern ergeben sich Anforderungen aus anderen Rechtsvorschriften (in Bayern z. B. aus der Brandverhütungsverordnung).

4. Freihaltung der Rettungswege

14 In Treppenräumen notwendiger Treppen, in Treppenraumerweiterungen und in notwendigen Fluren sowie in Ladenstraßen und Hauptgängen dürfen innerhalb der nach § 13 Abs. 1 und 4 erforderlichen Breiten keine Gegenstände abgestellt werden (Abs. 2 Satz 2).

15 Von § 13 muss auch der Abs. 3 genannt werden, in dem die Mindestbreite der notwendigen Flure für Kunden festgelegt ist. Die Rettungswege auf dem Grundstück werden in § 25 Abs. 3 behandelt.

16 Rettungswege können nur dann im Gefahrenfall ihrem Zweck dienen, wenn sie freigehalten sind. Da gegen dieses Gebot immer wieder verstoßen wird, kommt der laufenden Überwachung der Rettungswege besondere Bedeutung zu. Freihalten heißt nicht nur, dass keine Gegenstände abgestellt, gelagert oder aufgehängt werden dürfen, sondern dass auch keine festen oder beweglichen Einbauten zulässig sind.

17 Die Flächen auf den Rettungswegen, die freizuhalten sind, ergeben sich zunächst aus den vorgegebenen Mindestmaßen für die Breite. Größere Flä-

chen können erforderlich sein, wenn aufgrund der Berechnung nach § 14 Abs. 3 größere Breiten herauskommen. Die Kennzeichnung der Rettungswege wird gefordert in § 19 Satz 2 ArbStättV, die Freihaltung der Rettungswege in § 52 Abs. 1 Satz 1 ArbStättV. Dieselben Vorschriften enthalten § 24 Abs. 1 und § 30 Abs. 2 Unfallverhütungsvorschrift VBG 1. Die Sicherheitszeichen sind festgelegt in der Unfallverhütungsvorschrift VBG 125. 18

§ 25 Rettungswege auf dem Grundstück, Flächen für die Feuerwehr

(1) Kunden und Betriebsangehörige müssen aus der Verkaufsstätte unmittelbar oder über Flächen auf dem Grundstück auf öffentliche Verkehrsflächen gelangen können.

(2) Die erforderlichen Zufahrten, Durchfahrten und Aufstell- und Bewegungsflächen für die Feuerwehr müssen vorhanden sein.

(3) Die als Rettungswege dienenden Flächen auf dem Grundstück sowie die Flächen für die Feuerwehr nach Absatz 2 müssen ständig freigehalten werden. Hierauf ist dauerhaft und leicht erkennbar hinzuweisen.

Erläuterungen

Übersicht   Rdnr.

1. Allgemeines   1
2. Rettungswege auf dem Grundstück   2
3. Flächen für die Feuerwehr   7
4. Freihaltung der Flächen   11

1. Allgemeines

Die Anforderungen der §§ 10 ff. an die Rettungswege im Gebäude, d. h. in der Verkaufsstätte werden ergänzt in § 25 Abs. 1 hinsichtlich der Rettungswege auf dem Grundstück, d. h. auf den nicht überbauten Grundstücksflächen. Hinzu kommen die Flächen, die für die Feuerwehr notwendig sind (§ 25 Abs. 2). Die Freihaltung dieser Flächen ist geregelt in § 25 Abs. 3. Die Abs. 1 und 2 sind eigentlich Bauvorschriften, während Abs. 3 eine Betriebsvorschrift darstellt. 1

Betriebsvorschriften

2. Rettungswege auf dem Grundstück

2   Kunden und Betriebsangehörige müssen aus der Verkaufsstätte unmittelbar oder über Flächen auf dem Grundstück auf öffentliche Verkehrsflächen gelangen können (Abs. 1). Die Flächen auf dem Grundstück sind das letzte Teilstück in der Abfolge eines Rettungswegs, siehe Rdnr. 4 der Erl. zu § 10.

3   Die Anforderungen an Rettungswege insbesondere hinsichtlich der Verkehrssicherheit gelten auch für diese Flächen. Die Rettungswege auf dem Grundstück sollen so ausgeführt und unterhalten werden, dass die Kunden und Betriebsangehörigen gefahrlos die öffentlichen Verkehrsflächen erreichen können. Die Rettungswege sind von den Aufstell- und Bewegungsflächen für die Feuerwehr zu trennen.

4   Verkaufsstätten grenzen häufig nicht unmittelbar an öffentliche Verkehrsflächen an, sodass die Forderung des »unmittelbar« nicht erfüllt werden kann. Die Rettungswege müssen dann ganz oder teilweise über außerhalb der Verkaufsstätte liegende Flächen geführt werden. Diese Flächen werden im Allgemeinen unbebaute Grundstücksflächen sein, es können aber auch z. B. unterkellerte Höfe sein. Der Übergang zu den in § 10 Abs. 1 Satz 2 genannten Bauteilen und Gebäudeteilen ist fließend. Höhenunterschiede zur öffentlichen Verkehrsfläche sind durch Treppen oder Rampen auszugleichen, wobei auf die Belange der besonderen Personengruppen hinsichtlich eines stufenlosen Zugangs zu achten ist (siehe die Norm DIN 18 024 – Barrierefreies Bauen –)

5   Aus den Vorschriften der Bauordnung über die Bebauung eines Grundstücks ist zu folgern, dass die Rettungswege auf dem Grundstück der Verkaufsstätte selbst liegen müssen. Manchmal ergibt sich aus den örtlichen Gegebenheiten, dass zumindest ein Teil der Rettungswege besser über ein Nachbargrundstück geführt werden sollte. Abgesehen von der tatsächlichen Eignung ist eine entsprechende rechtliche Sicherung erforderlich.

6   Bei großen Anlagen (z. B. mehrere Verkaufsstätten mit Ladenstraßen) müssen nicht nur die Rettungswege auf dem Grundstück ausreichen, sondern es sind auch Anforderungen an Lage und Größe der öffentlichen Verkehrsflächen zu stellen (was früher z. T. in den Verordnungen angesprochen war).

3. Flächen für die Feuerwehr

7   Die erforderlichen Zufahrten, Durchfahrten und Aufstell- und Bewegungsflächen für die Feuerwehr müssen vorhanden sein (Abs. 2).

8   Zufahrt ist die nichtüberbaute Verbindung zur öffentlichen Verkehrsfläche, Durchfahrt der durch ein Gebäude oder eine andere bauliche Anlage

überbaute Teil der Verkehrsfläche. Die durch Zufahrten oder Durchfahrten mit den öffentlichen Verkehrsflächen in Verbindung stehenden Flächen ermöglichen die Zufahrt der Feuerwehr zur Rettung und Brandbekämpfung.

Die Aufstell- und Bewegungsflächen sind auf der Grundlage eines Brandschutzkonzepts zu bestimmen und in den Plänen festzulegen sowie dann auf dem Grundstück entsprechend zu kennzeichnen. 9

Die grundsätzlichen Anforderungen für Zugänge, Zufahrten und Durchfahrten sowie über Aufstell- und Bewegungsflächen für die Feuerwehr auf den Grundstücken ergeben sich aus § 5 MBO. Die wesentlichen technischen Einzelheiten enthalten die »Richtlinien über Flächen für die Feuerwehr«, die von den Ländern als technische Baubestimmung eingeführt worden sind. Die Richtlinien hatten zur Grundlage die Norm DIN 14 090. Wände und Decken von Durchfahrten müssen feuerbeständig sein (F 90-AB). 10

4. Freihaltung der Flächen

Die als Rettungswege dienenden Flächen auf dem Grundstück sowie die Flächen für die Feuerwehr müssen ständig freigehalten werden. Hierauf ist dauerhaft und leicht erkennbar hinzuweisen (Abs. 3). 11

Die als Rettungswege dienenden Flächen auf dem Grundstück sowie die Aufstell- und Bewegungsflächen für die Feuerwehr einschließlich der Zufahrten und Durchfahrten dürfen nicht anderweitig benutzt werden, weder zum Abstellen von Kraftfahrzeugen, auch nicht zum vorübergehenden, noch zum Lagern von Gegenständen (was vor allem die Warenanlieferung betrifft). 12

Die Kennzeichnung ergibt sich zwingend aus der Unfallverhütungsvorschrift VBG 125 über Sicherheitszeichen, was Form, Größe und Inhalt der Zeichen anbelangt. Die Sicherheitszeichen sind in ausreichender Zahl an den Stellen anzubringen, an denen sie leicht erkennbar sind. 13

§ 26 Verantwortliche Personen

(1) Während der Betriebszeit einer Verkaufsstätte muß der Betreiber oder ein von ihm bestimmter Vertreter ständig anwesend sein.

(2) Der Betreiber einer Verkaufsstätte hat
1. einen Brandschutzbeauftragten und
2. für Verkaufsstätten, deren Verkaufsräume eine Fläche von insgesamt mehr als 15 000 m^2 haben, Selbsthilfekräfte für den Brandschutz

zu bestellen. Die Namen dieser Personen und jeder Wechsel sind der für den Brandschutz zuständigen Dienststelle auf Verlangen mitzuteilen. Der Betreiber hat für die Ausbildung dieser Personen im Einvernehmen mit der für den Brandschutz zuständigen Dienststelle zu sorgen.

(3) Der Brandschutzbeauftragte hat für die Einhaltung des § 13 Abs. 5, der §§ 24, 25 Abs. 3, des § 26 Abs. 5 und des § 27 zu sorgen.

(4) Die erforderliche Anzahl der Selbsthilfekräfte für den Brandschutz ist von der Bauaufsichtsbehörde im Einvernehmen mit der für den Brandschutz zuständigen Dienststelle festzulegen.

(5) Selbsthilfekräfte für den Brandschutz müssen in erforderlicher Anzahl während der Betriebszeit der Verkaufsstätte anwesend sein.

Erläuterungen

Übersicht   Rdnr.

1. Allgemeines   1
2. Betreiber der Verkaufsstätte   6
3. Brandschutzbeauftragter   11
4. Selbsthilfekräfte für den Brandschutz   16
5. Anzahl, Ausbildung und Einsatz der Selbsthilfekräfte   21

1. Allgemeines

1   Im Hinblick auf die in der Regel hohe Brandlast einer Verkaufsstätte und die große Zahl von Betriebsangehörigen und Kunden, die sich in ihr aufhalten, genügen für den Brandschutz nicht nur die bauliche Ausbildung der Verkaufsstätte und die technischen Einrichtungen, sondern es bedarf auch wesentlicher betrieblicher Vorkehrungen, um in einem Brandfall die Personenrettung und die Brandbekämpfung zu verbessern (§ 26).

2   Verantwortliche Personen sind insoweit für den Brandschutz

   – der Betreiber der Verkaufsstätte oder der von ihm bestimmte Vertreter (Abs. 1),
   – der vom Betreiber bestellte Brandschutzbeauftragte (Abs. 2 Satz 1 Nr. 1 und Abs. 3).

3   Für die ersten Rettungsmaßnahmen und die erste Brandbekämpfung sind in größeren Verkaufsstätten Selbsthilfekräfte für den Brandschutz zu bestellen (Abs. 2 Satz 1 Nr. 2 und Abs. 4 und 5).

4   Die Aufgaben des Brandschutzbeauftragten und der Selbsthilfekräfte sowie die betrieblichen Vorkehrungen und Maßnahmen im Brandfall sind in einer Brandschutzordnung festzulegen (§ 27).

Auch bei großen Anlagen, z. B. mit mehreren Verkaufsstätten an Ladenstraßen gelten die Anforderungen für jeden einzelnen Betreiber, es sei denn die Aufgaben werden für die Gesamtanlage durch eine übergeordnete Einrichtung wahrgenommen. Die gegenseitige Abstimmung und Zusammenarbeit ist insbesondere durch die Brandschutzordnung zu sichern (§ 27).

2. Betreiber der Verkaufsstätte

Während der Betriebszeit einer Verkaufsstätte muss der Betreiber oder ein von ihm bestimmter Vertreter ständig anwesend sein (Abs. 1).

Der Betreiber der Verkaufsstätte muss nicht deren Eigentümer sein. Er kann eine natürliche oder juristische Person sein. Sei es eine Einzelperson oder eine Firma, verantwortlich ist die Person, die die tatsächliche Verfügungsgewalt und die Anordnungsbefugnis hat.

Der Betreiber muss während der Betriebszeit der Verkaufsstätte ständig anwesend sein. Er kann sich entlasten, wenn er einen Vertreter bestellt, der dann während der Betriebszeit ständig anwesend ist. Zumindest bei größeren Verkaufsstätten ist nicht ausgeschlossen, dass mehrere Vertreter bestellt werden, die sich ablösen.

Der Betreiber (oder der Vertreter) hat die allgemeine Verantwortung für die Einhaltung der Betriebsvorschriften; er ist zugleich der verantwortliche Unternehmer im Sinn der Unfallverhütungsvorschriften.

Der Betreiber hat den Namen des Brandschutzbeauftragten und der Selbsthilfekräfte der für den Brandschutz zuständigen Dienststelle auf Verlangen mitzuteilen. Er hat ferner für deren Ausbildung zu sorgen.

3. Brandschutzbeauftragter

Der Betreiber einer Verkaufsstätte hat einen Brandschutzbeauftragten zu bestellen (Abs. 2 Satz 1 Nr. 1). Dessen Name und jeder Wechsel sind der für den Brandschutz zuständigen Dienststelle mitzuteilen (Abs. 2 Satz 2).

Der Betreiber hat für dessen Ausbildung im Einvernehmen mit der für den Brandschutz zuständigen Dienststelle zu sorgen (Abs. 2 Satz 3).

Der Brandschutzbeauftragte hat zu sorgen,

– dass Ladenstraßen, notwendige Flure für Kunden und Hauptgänge nicht durch Einbauten oder Einrichtungen eingeengt werden (§ 13 Abs. 5),
– dass die Verbote über das Rauchen und das Verwenden von offenem Feuer eingehalten werden (§ 24 Abs. 1),
– dass die Verbote über das Anbringen von Dekorationen und das Abstellen von Gegenständen eingehalten werden (§ 24 Abs. 2),

Betriebsvorschriften

- dass die als Rettungsweg dienenden Flächen auf dem Grundstück und die Bewegungsflächen für die Feuerwehr ständig freigehalten werden (§ 25 Abs. 3),
- dass die Selbsthilfekräfte für den Brandschutz anwesend sind (§ 26 Abs. 5),
- dass den in der Brandschutzordnung festgelegten Aufgaben nachgekommen wird (§ 27 Abs. 1 Satz 2).

14 Der Brandschutzbeauftragte hat ferner darüber zu wachen, dass die Selbsthilfe- und Sicherungseinrichtungen betriebsbereit sind. Er hat die Selbsthilfemaßnahmen zu leiten, bis ein Angehöriger der Feuerwehr die Lösch- und Rettungsmaßnahmen leitet (siehe die einschlägigen Vorschriften der Feuerwehrgesetze der Länder)

15 Maßnahmen gegen Entstehungsbrände enthält auch § 43 der Allgemeinen Unfallverhütungsvorschrift (VBG 1). Die Pflichten der vom Unternehmer zu bestellenden Sicherheitsbeauftragten (§ 9 VBG 1) decken sich insoweit mit denen des Brandschutzbeauftragten. So hat dieser z. B. eine Arbeitsschutz-, Brandschutz- und Notfallsordnung aufzustellen, siehe die Durchführungsanweisungen zur Unfallverhütungsvorschrift Fachkräfte für Arbeitssicherheit (DA zu VBG 122).

4. Selbsthilfekräfte für den Brandschutz

16 Der Betreiber hat für Verkaufsstätten, deren Verkaufsräume eine Fläche von insgesamt von mehr als 15 000 m^2 haben Selbsthilfekräfte für den Brandschutz zu bestellen (Abs. 2 Satz 1 Nr. 2).

17 In der bayerischen Verkaufsstättenverordnung werden Selbsthilfekräfte schon bei Verkaufsstätten gefordert, deren Verkaufsräume eine Fläche von mehr als 5000 m^2 haben. Die Fläche von 15 000 m^2 wird nicht zu Unrecht für viel zu groß gehalten. Bei kleineren Verkaufsstätten würde sich entsprechend die Zahl der Selbsthilfekräfte verringern, die bestellt werden müssen. Im Übrigen wurde in der früheren Fassung der Verordnung allgemein eine Hausfeuerwehr verlangt.

18 Zum Begriff des Verkaufsraums und der Flächenbestimmung siehe die Rdnrn. 22 ff. der Erl. zu § 2.

19 Bei großen Anlagen ist nicht ausgeschlossen, dass eine Werkfeuerwehr nach den Feuerwehrgesetzen der Länder gefordert und anerkannt wird. Werkfeuerwehren müssen in Aufbau, Ausrüstung und Ausbildung den an gemeindliche Feuerwehren gestellten Anforderungen entsprechen.

20 Von Werkfeuerwehren sind die in der Verordnung geforderten Selbsthilfekräfte zu unterscheiden, die in früheren Fassungen der Verordnung als Hausfeuerwehr oder sonst als Betriebsfeuerwehr bezeichnet wurden.

5. Anzahl, Ausbildung und Einsatz der Selbsthilfekräfte

Die erforderliche Anzahl der Selbsthilfekräfte ist von der Bauaufsichtsbehörde im Einvernehmen mit der für den Brandschutz zuständigen Dienststelle festzulegen (Abs. 4). Der Betreiber ist zu beteiligen.

Hierbei sind insbesondere die Lage der Verkaufsstätte, die Zahl und Größe der Verkaufsgeschosse und der Ladenstraßen, die Art der angebotenen Waren, die Art und der Umfang der Sicherheitseinrichtungen sowie die Zahl der Betriebsangehörigen zu berücksichtigen.

Folgende Zahlen wurden seinerzeit vorgeschlagen:
- Für je volle 1000 m² Verkaufsraumnutzfläche eine Selbsthilfekraft.
- Für jedes Verkaufsgeschoss bis 2000 m² zusätzlich eine Selbsthilfekraft.
- Für Verkaufsgeschosse über 2000 m² zusätzlich zwei Selbsthilfekräfte.
- Für je 500 Betriebsangehörige zusätzlich eine Selbsthilfekraft.

Die Zahlen stellen die Mindeststärke während der Betriebszeit dar. Es sind zum Ausgleich von Ausfällen durch Krankheit, Urlaub und infolge Schichtarbeit weitere Selbsthilfekräfte zu bestellen.

Der Betreiber hat die Namen der Selbsthilfekräfte und jeden Wechsel der für den Brandschutz zuständigen Dienststelle auf Verlangen mitzuteilen (Abs. 2 Satz 2). Er hat auch für deren Ausbildung im Einvernehmen mit der für den Brandschutz zuständigen Dienststelle zu sorgen (Abs. 2 Satz 3).

Die Selbsthilfekräfte müssen für den Brandschutzdienst geeignet und ausgebildet sein (früher wurde hier noch unterschieden zwischen Feuerwehrmännern und Hilfsfeuerwehrmännern). Die Leitung der Selbsthilfekräfte obliegt dem Brandschutzbeauftragten. Zumindest ein Teil der Selbsthilfekräfte soll nur im Brandschutz und Sicherheitsdienst beschäftigt sein und nicht zu anderen Aufgaben herangezogen werden.

Die Kennzeichnung der Selbsthilfekräfte muss einheitlich sein. Sie ist so zu wählen, dass die Selbsthilfekraft eindeutig als Verantwortlicher von Betriebsangehörigen und Kunden erkannt wird. Entsprechende Schutzkleidung muss bereitgehalten werden. Die für die Brandbekämpfung notwendigen Geräte sind an geeigneter Stelle verfügbar zu halten (siehe § 20 Abs. 2).

Die Selbsthilfekräfte für den Brandschutz müssen in erforderlicher Anzahl während der Betriebszeit der Verkaufsstätte anwesend sein (Abs. 5). Sie müssen also vor allem während der Verkaufszeiten anwesend sein. Zum Betrieb gehören aber auch Zeiten, bei denen die Verkaufsstätte zwar nicht zum Verkauf geöffnet ist, aber z. B. zur Warenbesichtigung oder nur für die Betriebsangehörigen (z. B. bei Inventur). Außerhalb der Betriebszeit wird kein Wachdienst gefordert, in größeren Verkaufsstätten wird er aber aus Sicherheitsgründen die Regel sein.

Betriebsvorschriften

29　Die Selbsthilfekräfte sollen in der Lage sein, wenn nicht das Entstehen eines Brandes verhindert werden konnte, die ersten Rettungs- und Brandbekämpfungsmaßnahmen einzuleiten, bis die Feuerwehr eintrifft.

§ 27 Brandschutzordnung

(1) Der Betreiber einer Verkaufsstätte hat im Einvernehmen mit der für den Brandschutz zuständigen Dienststelle eine Brandschutzordnung aufzustellen. In der Brandschutzordnung sind insbesondere die Aufgaben des Brandschutzbeauftragten und der Selbsthilfekräfte für den Brandschutz sowie die Maßnahmen festzulegen, die zur Rettung Behinderter, insbesondere Rollstuhlbenutzer, erforderlich sind.

(2) Die Betriebsangehörigen sind bei Beginn des Arbeitsverhältnisses und danach mindestens einmal jährlich zu belehren über
1. die Lage und die Bedienung der Feuerlöschgeräte, Brandmelde- und Feuerlöscheinrichtungen und
2. die Brandschutzordnung, insbesondere über das Verhalten bei einem Brand oder bei einer Panik.

(3) Im Einvernehmen mit der für den Brandschutz zuständigen Dienststelle sind Feuerwehrpläne anzufertigen und der örtlichen Feuerwehr zur Verfügung zu stellen.

Erläuterungen

Übersicht   Rdnr.

1. Allgemeines   1
2. Aufstellung einer Brandschutzordnung   4
3. Teil A einer Brandschutzordnung   8
4. Teil B einer Brandschutzordnung   11
5. Teil C einer Brandschutzordnung   14
6. Belehrung der Betriebsangehörigen   20
7. Feuerwehrpläne   23

1. Allgemeines

1　Neben der baulichen Ausführung der Verkaufsstätte und den technischen Sicherheitseinrichtungen sind für den Brandschutz wesentlich die betrieblichen Maßnahmen.

In § 27 wird deshalb folgendes gefordert: 2

- Es ist eine Brandschutzordnung aufzustellen, die Grundregeln für das Verhalten im Brandfall und für Selbsthilfemaßnahmen nebst Anweisungen für die Brandverhütung enthält (Abs. 1).
- Die Betriebsangehörigen sind wiederkehrend über die o. a. Regeln und Maßnahmen zu unterrichten (Abs. 2).
- Es sind Feuerwehrpläne anzufertigen (Abs. 3).

Verantwortlich hierfür ist zunächst der Betreiber oder der von ihm bestellte Vertreter. In die Ausführung und Überwachung ist eingebunden der Brandschutzbeauftragte. Ähnliche Anforderungen ergeben sich aus den Unfallverhütungsvorschriften. Der verantwortliche Unternehmer hat hierzu Sicherheitsbeauftragte zu bestellen (§ 9 VBG 1), die für die einzelnen Maßnahmen verantwortlich sind. 3

2. Aufstellung einer Brandschutzordnung

Der Betreiber einer Verkaufsstätte hat im Einvernehmen mit der für den Brandschutz zuständigen Dienststelle eine Brandschutzordnung aufzustellen (Abs. 1 Satz 1). 4

Abs. 1 Satz 2 erster Halbsatz umreißt als wesentlichen Inhalt einer Brandschutzordnung, dass insbesondere die Aufgaben des Brandschutzbeauftragten und der Selbsthilfekräfte für den Brandschutz festzulegen sind. Die Einzelheiten für den Inhalt ergeben sich aus der Norm DIN 14 096. 5

Von den Rettungsmaßnahmen wird in Abs. 1 Satz 2 zweiter Halbsatz die Rettung Behinderter, insbesondere Rollstuhlbenutzer hervorgehoben (was in früheren Fassungen der Verordnung nicht der Fall war). 6

Die Norm DIN 41 096 enthält 7

- in Teil 1 Regeln für das Erstellen des Teils A einer Brandschutzordnung, der als Aushang dient,
- in Teil 2 Regeln für das Erstellen des Teils B einer Brandschutzordnung, der sich an die Betriebsangehörigen der Verkaufsstätte richtet,
- in Teil 3 Regeln für das Erstellen des Teils C einer Brandschutzordnung, der sich an die Personen richtet, die im Brandfall bestimmte Aufgaben wahrzunehmen haben.

Eine Brandschutzordnung ist nach der Begriffsbestimmung in der Norm eine auf ein bestimmtes Objekt zugeschnittene Zusammenfassung von Grundregeln für das Verhalten im Brandfall und für Selbsthilfemaßnahmen. Es kann zweckmäßig sein, in einer Brandschutzordnung auch Anweisungen für die Brandverhütung zu geben.

Betriebsvorschriften

3. Teil A einer Brandschutzordnung

8 Teil A einer Brandschutzordnung richtet sich an alle Personen (insbesondere Betriebsangehörige und Kunden), die sich dauernd oder vorübergehend in der Verkaufsstätte aufhalten. Er muss gut sichtbar ausgehängt sein. Es hängt von den örtlichen Gegebenheiten ab, was als gut sichtbar anzusehen ist. Es sind also insbesondere die Stellen auszuwählen, an denen Personen häufig vorbeigehen oder sogar verweilen (z. B. Zugänge, Treppenräume, Flure).

9 Schlagworte für den Inhalt sind
 - Ruhe bewahren
 - Brand melden
 - in Sicherheit bringen
 - Löschversuche unternehmen.

10 Die Norm enthält das Muster eines Aushangs mit den Schlagworten, Texten und grafischen Symbolen aus der Unfallverhütungsvorschrift VBG 125. Das Muster ist entsprechend den örtlichen Gegebenheiten zu ergänzen (z. B. bei handbetätigten Feuermeldern, Wandhydranten).

4. Teil B einer Brandschutzordnung

11 Teil B einer Brandschutzordnung richtet sich an die Betriebsangehörigen, die sich zwar nicht nur vorübergehend in der Verkaufsstätte aufhalten, die aber keine besonderen Brandschutzaufgaben wahrnehmen.

12 Folgende Schlagworte sind mit entsprechendem Text auszufüllen:
 - Brandschutzordnung
 - Verhalten im Brandfall
 - Ruhe bewahren
 - Brand melden
 - Alarmsignale beachten
 - In Sicherheit bringen
 - Anweisungen beachten
 - Löschversuche unternehmen
 - Brände verhüten
 - Fluchtwege freihalten
 - Besondere Verhaltensregeln.

13 Bei den Rettungsmaßnahmen sind solche zur Rettung gefährdeter, behinderter oder verletzter Personen entsprechend Abs. 1 Satz 2 von besonderem Gewicht, unbeschadet dessen, dass die Brandschutzordnung auch allgemein Maßnahmen zur Personenrettung enthalten muss. Die Forderung nach dem stufenlosen Zugang zu den allgemein zugängliche Teile einer

Verkaufsstätte ist nicht unproblematisch hinsichtlich der dann notwendigen baulichen und betrieblichen Vorkehrungen, um entsprechend § 17 MBO bei einem Brand die Rettung von Menschen zu ermöglichen. Zur Ausrüstung eines Aufzugs, damit dieser für Rollstuhlbenutzer geeignet ist, siehe Rdnr. 46 der Erl. zu § 10.

5. Teil C einer Brandschutzordnung

Teil C einer Brandschutzordnung richtet sich an die Betriebsangehörigen, die im Brandfall besondere Aufgaben wahrzunehmen haben. Das sind insbesondere 14
- der Brandschutzbeauftragte
- die Selbsthilfekräfte für den Brandschutz
- Führungskräfte des Betreibers
- Sicherheitsingenieure nach den UVV
- sonstige Personen mit Ordnungsfunktionen (z. B. Pförtner)
- sonstige Personen für die Bedienung technischer Einrichtungen.

Teil C soll folgende Abschnitte enthalten: 15

- Brandverhütung
Die für die Brandverhütung Verantwortlichen und deren Aufgabenbereiche sind zu benennen. Bereiche können sein das Einhalten von Brandschutzbestimmungen, das Festlegen und Überwachen der Brandschutzeinrichtungen, der Rettungswege und der Flächen für die Feuerwehr, das Genehmigen von Arbeiten mit besonderen Gefahren (z. B. Schweißarbeiten), das Unterweisen der Betriebsangehörigen.

- Alarmierung 16
Es ist festzulegen, welche Personen im Gefahrenfall zu unterrichten sind, wer Hausalarm auslöst, welche andere Stellen zu alarmieren ist.

- Sicherheitsmaßnahmen 17
Die aufzuführenden Sicherheitsmaßnahmen sollen umfassen die Räumung der Verkaufsstätte, die Bergung bestimmter Sachwerte, die Außerbetriebnahme von bestimmten Anlagen (z. B. Förderanlagen, Versorgungsleitungen), die Inbetriebnahme von Sicherheitseinrichtungen (z. B. Rauchabzugsanlagen, Ersatzstromversorgung).

- Löschmaßnahmen 18
Die Aufgaben der Selbsthilfekräfte für den Brandschutz sind festzulegen.

- Vorbereitung für den Einsatz der Feuerwehr 19
Die Vorbereitungen sollen der Feuerwehr die Orientierung, den Zugang zur Löschwasserversorgung und zum Schadensort erleichtern.

Betriebsvorschriften

6. Belehrung der Betriebsangehörigen

20 Die Betriebsangehörigen sollen unabhängig von den Aufgaben der Selbsthilfekräfte für den Brandschutz im Brand- oder Gefahrenfall in der Lage sein, die in der Verkaufsstätte verteilten Einrichtungen für den Brandschutz nötigenfalls zu bedienen, und müssen wissen, wie sie sich zu verhalten haben. Die Betriebsangehörigen sind deshalb bei Beginn des Arbeitsverhältnisses und mindestens einmal jährlich zu belehren (Abs. 2).

21 Die Belehrung erstreckt sich insbesondere auf

– die Lage und die Bedienung der Feuerlöschgeräte, Brandmelde- und Feuerlöscheinrichtungen und
– über das Verhalten bei einem Brand oder bei einer Panik.

22 Einzelheiten über die Belehrung sind in der Brandschutzordnung festzulegen. Die Belehrung ist aktenkundig zu machen.

7. Feuerwehrpläne

23 Im Einvernehmen mit der für den Brandschutz zuständigen Dienststelle sind Feuerwehrpläne anzufertigen und der örtlichen Feuerwehr zur Verfügung zu stellen (Abs. 3).

24 Feuerwehrpläne enthalten objektbezogene Informationen, welche die Feuerwehr bei einem Einsatz zur schnellen Orientierung auf Grundstücken und in Gebäuden sowie zur Lagebeurteilung dienen.

25 Zu den Feuerwehrplänen gehören

– Übersichtspläne im Maßstab 1:500 oder 1:1000
– Geschosspläne im Maßstab 1:100 oder 1:200,
– Beschreibungen mit Informationen, die sich nicht aus den Plänen entnehmen lassen,
– Angaben, die bei der Alarmierung zu übermitteln sind.

26 Feuerwehrpläne gehören nicht zu den zusätzlichen Bauvorlagen nach § 29, sind jedoch nach § 27 Abs. 3 vom Betreiber im Benehmen mit der für den Brandschutz zuständigen Dienststelle anzufertigen. Sie sind der örtlichen Feuerwehr zur Verfügung zu stellen. In den früheren Fassungen der Verordnung wurde allgemein gefordert, dass die Pläne auch im Erdgeschoss der Verkaufsstätte an gut sichtbarer Stelle anzubringen sind. Sollte hieran festgehalten werden, müsste das im Benehmen mit der örtlichen Feuerwehr als Auflage festgelegt werden (die neue bayerische Verordnung hat die Vorschrift belassen).

Grundlage für eine einheitliche Gestaltung von Feuerwehrplänen ist die Norm DIN 14 095 – Teil 1 – Feuerwehrpläne für bauliche Anlagen –. Die Norm enthält in Tabelle 1 umfangreiche Angaben für den Inhalt der Pläne hinsichtlich der baulichen Ausführung, der Feuerlösch- und Feuermeldeeinrichtungen usw. Die Pläne sind zu ergänzen mit Angaben über besondere Gefahren an der Einsatzstelle (z. B. Giftstoffe, radioaktive Stoffe). 27

§ 28 Stellplätze für Behinderte

Mindestens 3 v. H. der notwendigen Stellplätze, mindestens jedoch ein Stellplatz, müssen für Behinderte vorgesehen sein. Auf diese Stellplätze ist dauerhaft und leicht erkennbar hinzuweisen.

Erläuterungen

Das erste Muster einer Verkaufsstättenverordnung (Warenhausverordnung) enthielt keine Vorschriften zugunsten von Behinderten, alten Menschen und Müttern mit Kleinkindern, weil damals weder die Musterbauordnung noch entsprechend die Landesbauordnungen für diese besonderen Personengruppen – wie jetzt die Bezeichnung ist – Anforderungen stellten. 1

In das Muster 1977 fanden dann Vorschriften für die besonderen Personengruppen Eingang, die allerdings nur von einigen Ländern bei Neufassung der Verordnung übernommen wurden Es spielte wohl die Überlegung eine Rolle, dass die Vorschriften der Bauordnung hierfür ausreichen würden (siehe Rdnr. 10 der Erl. zu § 1 und Rdnrn. 44 bis 46 der Erl. zu § 10). 2

Das Muster 1995 behandelt nur mehr Stellplätze für Behinderte: Mindestens 3 v. H. der notwendigen Stellplätze, mindestens jedoch ein Stellplatz, müssen für Behinderte vorgesehen sein (§ 28 Satz 1). Die Vorschrift konkretisiert damit § 52 MBO, der in Abs. 2 Nr. 1 die Verkaufsstätten und in Nr. 9 die zugehörigen Stellplätze und Garagen aufführt. 3

Die Zahl der notwendigen Stellplätze ist anhand der Richtzahlen für das jeweilige Bauvorhaben festzulegen. Daraus ergibt sich dann die Zahl der Stellplätze für Behinderte, wobei mindestens ein Stellplatz, sei es ein Platz im Freien oder in einer Garage, vorgesehen sein muss. 4

Einstellplätze, die für Behinderte bestimmt sind, müssen nach den Garagenverordnungen der Länder mindestens 3,50 m breit sein. Die weiteren Anforderungen zugunsten der besonderen Personengruppen bei der Benutzung von Garagen ergeben sich aus § 52 MBO und der Norm DIN 18 024 Teil 2, siehe die Rdnrn. 44 bis 46 der Erl. zu § 10. Wesentlich ist je- 5

Bauvorlagen

6 denfalls, dass die Stellplätze stufenlos erreichbar sind. Sie sollen in mehrgeschossigen Garagen in der Nähe der Aufzüge, ansonsten bei den Haupteingängen liegen.
Auf diese Stellplätze ist dauerhaft und leicht erkennbar hinzuweisen (Satz 2). Die Zeichen sind genormt nach der Norm DIN 30 600 Blatt 496 (P und Rollstuhlsymbol auf blauem Grund). Es müssen sowohl die Stellplätze selbst gekennzeichnet als an geeigneten Stellen Hinweiszeichen zu den Stellplätzen angebracht werden.

§ 29 Zusätzliche Bauvorlagen

Die Bauvorlagen müssen zusätzliche Angaben enthalten über
1. eine Berechnung der Flächen der Verkaufsräume und der Brandabschnitte,
2. eine Berechnung der erforderlichen Breiten der Ausgänge aus den Geschossen ins Freie oder in Treppenräume notwendiger Treppen,
3. die Sprinkleranlagen, die sonstigen Feuerlöscheinrichtungen und die Feuerlöschgeräte,
5. die Alarmierungseinrichtungen,
4. die Brandmeldeanlagen,
6. die Sicherheitsbeleuchtung und die Sicherheitsstromversorgung,
7. die Rauchabzugsvorrichtungen und Rauchabzugsanlagen,
8. die Rettungswege auf dem Grundstück und die Flächen für die Feuerwehr.

Erläuterungen

1 Die Vorschriften der Bauordnung ermächtigen die oberste Bauaufsichtsbehörde über Umfang, Inhalt und Zahl der Bauvorlagen durch Rechtsverordnung nähere Vorschriften zu erlassen (§ 81 Abs. 3 MBO).
2 Die Bestimmungen über zusätzliche Bauvorlagen (auf derselben Rechtsgrundlage) ergänzen die Vorschriften der Bauvorlagenverordnung. Sie schreiben die Angaben vor, die für die Beurteilung der Bauvorlagen einer Verkaufsstätte (Lageplan, Bauzeichnungen, Baubeschreibung, bautechnischen Nachweise usw.) zusätzlich erforderlich sind. Die Bauvorlagen sind durch die in § 29 geforderten Angaben zu vervollständigen, sei es durch Eintragungen in den Lageplan und die Bauzeichnungen oder durch selbständige Angaben in Zeichnung oder Schrift. Der Umfang der Angaben ergibt sich aus den materiellen Anforderungen der Verordnung.

Auf bestimmte Bauvorlagen, wie z. B. für Heizung, Lüftung und Wasserversorgung konnte verzichtet werden, da sie nicht als sicherheitsrelevant angesehen werden. Dasselbe gilt für die Teile der elektrischen Anlagen, die nicht der Sicherheitsbeleuchtung und der Sicherheitsstromversorgung dienen. 3

§ 29 enthält in den Nrn. 1 bis 8 die zusätzlichen Angaben, die zu den Bauvorlagen verlangt werden:

1. Berechnung der Flächen der Verkaufsräume und der Brandabschnitte 4

Häufig hängen Anforderungen von der Größe von Flächen ab, z. B. bei Verkaufsräumen in § 10 Abs. 3, § 11 Abs. 3, § 13 Abs. 3, § 14 Abs. 2 und 3, § 20 Abs. 1, § 26 Abs. 2. Die Größe der Brandabschnitte ist in § 6 in der Fläche nach oben begrenzt, was eine Flächenberechnung voraussetzt. Für den Anwendungsbereich der Verordnung (§ 1) sind die Flächen der Verkaufsräume und außerdem der Ladenstraßen erforderlich.

2. Berechnung der erforderlichen Breiten der Ausgänge aus den Geschossen ins Freie oder in Treppenräume notwendiger Treppen 5

Die erforderlichen Breiten der Ausgänge sind festgelegt in § 14. Abgesehen von den Mindestbreiten ergibt sich die Summe der Breiten aus den Flächen der Verkaufsräume nach § 2 Abs. 3. Die Führung der Rettungswege wird durch § 10 bestimmt.

Die bayerische Verordnung verlangt als zusätzliche Bauvorlage außerdem Angaben über den Verlauf und die Länge der Rettungswege einschließlich ihres Verlaufs im Freien sowie über die Ausgänge und die Art der Türen. Diese Forderung war in den früheren Fassungen der Verordnung enthalten, was nicht unzweckmäßig erscheint und zumindest im Einzelfall – wenn erforderlich – als Auflage festgesetzt werden sollte. 6

3. Sprinkleranlagen, sonstige Feuerlöscheinrichtungen und die Feuerlöschgeräte 7

Sprinkleranlagen sind zu errichten nach § 20 Abs. 1, die wesentlichen Merkmale sind anzugeben. Von Feuerlöschern und Wandhydranten nach § 20 Abs. 2 Nr. 1 sind Art und Anbringungsort anzugeben.

4. Brandmeldeanlagen 8

Brandmeldeanlagen müssen nach § 20 Abs. 2 Nr. 2 vorhanden sein, die wesentlichen technischen Einzelheiten sind anzugeben.

Prüfungen

9 5. *Alarmierungseinrichtungen*

Art und Ablauf der Alarmierung nach § 20 Abs. 2 Nr. 3 sind anzugeben.

10 6. *Sicherheitsbeleuchtung und Sicherheitsstromversorgung*

Der Umfang der Sicherheitsbeleuchtung ist in den Plänen festzulegen, die Einzelheiten ergeben sich aus der Norm DIN/VDE 0108. Die Anlagen und Einrichtungen, die an die Sicherheitsstromversorgung nach § 21 angeschlossen werden, sind anzugeben, ebenso die Art der Stromversorgung nach der o. a. Norm.

11 7. *Rauchabzugsvorrichtungen und Rauchabzugsanlagen*

Die Rauchabführung im Brandfall ist geregelt in § 16. Art und Ort der Anlagen und deren Auslösung sind anzugeben.

12 8. *Rettungswege auf dem Grundstück und Flächen für die Feuerwehr*

Die Rettungswege aus der Verkaufsstätte müssen letztenendes bis zu einer öffentlichen Verkehrsfläche führen (§ 25 Abs. 1). Je nach den örtlichen Gegebenheiten können sie im Freien auf dem Grundstück liegen, was dann im Lageplan festzulegen ist. Dasselbe gilt für Flächen für die Feuerwehr (§ 25 Abs. 2).

13 Die Bauvorlagen (die nach der Bauvorlagenverordnung sowie die zusätzlichen nach § 29) sind im Baugenehmigungsverfahren von der Bauaufsichtsbehörde zu prüfen.

14 Legt jedoch der Bauherr Bescheinigungen eines anerkannten Sachverständigen oder einer anerkannten sachverständigen Stelle vor, so wird vermutet, dass die bauaufsichtlichen Anforderungen insoweit erfüllt sind; die Bauaufsichtsbehörden können die Vorlage solcher Bescheinigungen verlangen (§ 66 Abs. 4 MBO).

Die meisten Länder haben zur Vereinfachung und Beschleunigung des Genehmigungsverfahrens Vorschriften dieser Art.

§ 30 Prüfungen

(1) Folgende Anlagen müssen vor der ersten Inbetriebnahme der Verkaufsstätte, unverzüglich nach einer wesentlichen Änderung sowie jeweils mindestens alle drei Jahre durch einen nach Bauordnungsrecht anerkannten Sachverständigen auf ihre Wirksamkeit und Betriebssicherheit geprüft werden:

Sprinkleranlagen,
Rauchabzugsanlagen und Rauchabzugsvorrichtungen (§ 16),
Sicherheitsbeleuchtung (§ 18),
Brandmeldeanlagen (§ 20),
Sicherheitsstromversorgungsanlagen (§ 21).
Prüfberichte sind mindestens fünf Jahre aufzubewahren und der Bauaufsichtsbehörde auf Verlangen vorzulegen.

(2) Für die Prüfungen sind die nötigen Vorrichtungen und fachlich geeignete Arbeitskräfte bereitzustellen und die erforderlichen Unterlagen bereitzuhalten.

Erläuterungen

Übersicht	Rdnr.
1. Allgemeines	1
2. Zu prüfende Anlagen	4
3. Durchführung der Prüfung	13
4. Sachverständige	24

1. Allgemeines

Die der Sicherheit dienenden Vorrichtungen, Anlagen und Einrichtungen müssen nicht nur in Ordnung sein, wenn eine Verkaufsstätte in Betrieb genommen wird, sondern sie müssen auch laufend geprüft werden, damit sie dauernd betriebsicher sind. Die Erfahrungen beweisen die Notwendigkeit. 1

Bereits in der ersten Musterfassung der Verordnung wurde eine Überwachung bestimmter Anlagen gefordert. Die Zahl der Anlagen hat sich bei den folgenden Mustern vergrößert; unabhängig davon waren die Landesverordnungen nicht einheitlich hinsichtlich der zu prüfenden Anlagen und der Prüffristen. 2

Durch die Prüfung der Anlagen nach § 30 durch anerkannte Sachverständige werden die Bauaufsichtsbehörden entlastet. Verantwortlich sind der Betreiber und die von ihm beauftragten anerkannten Sachverständigen. 3

2. Zu prüfende Anlagen

Es müssen nach Abs. 1 Satz 1 zweiter Halbsatz folgende Anlagen geprüft werden: 4

Prüfungen

- Sprinkleranlagen
Die technischen Regeln für die Anlagen (z. B. die Richtlinien der Sachversicherer) enthalten Angaben über Abnahme, Wartung, laufende Überwachung und Prüfung. Die Pflicht einer Prüfung gilt entsprechend auch für andere ortsfeste, selbsttätige Feuerlöschanlagen, wenn eine solche wie z. B. eine Sprühwasser-Löschanlage nach der Norm DIN 14 494 ausnahmsweise eingebaut werden sollte (die Verordnung hatte früher den Begriff »Selbsttätige Feuerlöschanlage« verwendet. Der Einbau von Sprinkleranlagen ist geregelt in § 20 Abs. 1.

5 - Rauchabzugsanlagen und Rauchabzugsvorrichtungen
Art und Ort der Anlagen und Vorrichtungen ergibt sich aus § 16. In der bayerischen Verordnung sind noch zur Klarstellung eingefügt Lüftungsanlagen, die entrauchen. Zu den Anlagen siehe auch die Norm DIN 18 232.

6 - Sicherheitsbeleuchtung
Die Prüfung der Anlagen ergibt sich aus der Norm DIN/VDE 0108 Die Räume mit Sicherheitsbeleuchtung sind festgelegt in § 18.

7 - Brandmeldeanlagen
Abnahmeprüfung, Instandhaltung und wiederkehrende Prüfungen sind nach der Norm DIN 57 833 Teil 1/VDE 0833 Teil 1 durchzuführen. Die Anlagen werden verlangt nach § 20 Abs. 2 Nr. 2.

8 - Sicherheitsstromversorgungsanlagen
Die Prüfung ergibt sich aus der Norm DIN/VDE 0108. Die Stromversorgung wird behandelt in § 21.

9 Die vorgenannten Anlagen sind durch anerkannte Sachverständige zu prüfen. Daneben gibt es Anlagen, für die in den technischen Regeln Abnahmen und u. U. wiederkehrende Prüfungen gefordert werden. Das gilt z. B. für
- Blitzschutzanlagen nach der Norm DIN 57 185,
- Feststellanlagen bei Feuerschutzabschlüssen nach den Richtlinien des Deutschen Instituts für Bautechnik,
- Feuerlöscher und sonstige Feuerlöschgeräte nach den Verordnungen der Länder und den einschlägigen technischen Baubestimmungen, z. B. der Norm DIN 14 406,
- Lüftungsanlagen nach den bauaufsichtlichen Richtlinien über brandschutztechnische Anforderungen an Lüftungsanlagen,
- automatische Schiebetüren und elektrische Verriegelungssysteme nach den Richtlinien des Deutschen Instituts für Bautechnik; die bayerische Verordnung schreibt die Überprüfung dieser Anlagen in der Verordnung selbst vor,

Die Prüfungen sind vom Betreiber oder den von ihm beauftragten Personen zu veranlassen. Es hängt vom jeweiligen Landesrecht ab, unter welchen Voraussetzungen die Prüfungen von den anerkannten Sachverständigen vorgenommen werden dürfen. Die Prüfungen können notfalls als Auflagen in der Baugenehmigung festgesetzt werden.

Unabhängig von der Prüfung dieser o. a. Anlagen ist die Prüfung von Anlagen, die unter den Anwendungsbereich der Verordnungen zum Gerätesicherheitsgesetz fallen. Das sind insbesondere die Aufzüge, deren Prüfungen sich aus den §§ 9 ff. Aufzugsverordnung ergeben.

Fahrtreppen (Rolltreppen) und Fahrsteige fallen nicht unter die Aufzugsverordnung, für sie gilt § 18 Arbeitsstättenverordnung und § 31 der allgemeinen Unfallverhütungsvorschrift VBG 1. Die Prüfungen ergeben sich aus den Richtlinien für Fahrtreppen und Fahrsteige (ZH 1/484).

3. Durchführung der Prüfung

Alle o. a. Anlagen sind nach Abs. 1 Satz 1 erster Halbsatz zu prüfen
– vor der ersten Inbetriebnahme der Verkaufsstätte,
– unverzüglich nach einer wesentlichen Änderung und
– mindestens alle drei Jahre.

Die Prüfung vor der ersten Inbetriebnahme wird jetzt bei allen Anlagen gefordert. Sie deckt mit den zumeist in den technischen Regeln verlangten Abnahmeprüfungen.

Eine Änderung ist wesentlich, wenn die Verkaufsstätte in einer baurechtlich relevanten Weise umgestaltet wird. Ein Zeichen dafür ist, dass die Änderung baugenehmigungspflichtig ist. Es kann sich hierbei um erhebliche Eingriffe in die Bausubstanz und die technischen Einrichtungen handeln. Es können aber auch erhebliche Nutzungsänderungen sein, die sich auf die technischen Einrichtungen auswirken.

Die Prüffristen unterschieden sich früher je nach Art der Anlage. Sie sind jetzt einheitlich mit drei Jahren festgelegt. Groß ist der Unterschied bei Sprinkleranlagen, die vordem alle halbe Jahr geprüft werden mussten. Die Dreijahresfrist nach der Verordnung schließt jedoch nicht aus, dass Sprinkleranlagen nach den Richtlinien der Sachversicherer aufgrund des Versicherungsverhältnisses halbjährlich zu prüfen sind.

In der früheren Fassung der Verordnung war noch eine Ermächtigung enthalten, dass die Bauaufsichtsbehörde im Einzelfall die Prüffristen verkürzen kann, wenn es zur Gefahrenabwehr erforderlich ist, und dass sie bei Schadensfällen weitere Prüfungen anordnen kann. Eine solche Anforderung müsste jetzt auf eine allgemeine Vorschrift der Bauordnung gestützt werden.

Prüfungen

18 Die Bauaufsichtsbehörde kann eine Überprüfung beanstanden, wenn die mangelnde Eignung eines Sachverständigen eindeutig erkennbar ist, oder festgestellt wird, dass die Überprüfungen mangelhaft durchgeführt worden sind. Sind die Mängel offensichtlich, so wird eine sofortige Prüfung notwendig. Beseitigt der Betreiber die von Sachverständigen festgestellten Mängel nicht, so hat die Bauaufsichtsbehörde die notwendigen Anordnungen zu treffen.

19 Die Verordnung enthält keine Vorschrift mehr der Art, dass eine Verkaufsstätte von der Bauaufsichtsbehörde wiederkehrend zu überprüfen ist, weil die wesentlichen Anlagen bereits von Sachverständigen überprüft werden. Das schließt natürlich nicht aus, dass im konkreten Einzelfall eine Prüfung vorgenommen wird.

20 Einen gewissen Ersatz stellen die Vorschriften über die Feuerbeschau dar, die es in den Ländern gibt. Die Feuerbeschau obliegt meistens den Gemeinden. Sie erstreckt sich in der Regel auf Gebäude, insbesondere auf Sonderbauten, bei denen Brände erhebliche Gefahren für Personen oder außergewöhnliche Sach- oder Umweltschäden zur Folge haben können.

21 Den Auftrag für die Prüfungen hat der Betreiber zu erteilen, der auch die Kosten der Prüfung zu tragen hat. Die Vergütung ist zumeist in den Sachverständigenverordnungen geregelt: Das Honorar wird nach Zeitaufwand abgerechnet, dazu kommt eine Entschädigung notwendiger Auslagen. Ansonsten ergibt sich die Vergütung aus dem allgemeinen Kostenrecht.

22 Für die Prüfungen sind (vom Betreiber) die nötigen Vorrichtungen und fachlich geeignete Fachkräfte bereitzustellen und die erforderlichen Unterlagen bereitzuhalten (Abs. 2).

23 Bei bestehenden Verkaufsstätten sind mit dem Inkrafttreten einer neuen Verordnung die Prüfungen der Anlagen ebenfalls nach § 30 durchzuführen (§ 32). Das mag sich insbesondere auswirken auf die Prüffristen und die Tätigkeit von Sachverständigen.

4. Sachverständige

24 Alle Anlagen, die in § 30 Abs. 1 Satz 1 aufgeführt sind, dürfen nur von nach Bauordnungsrecht anerkannten Sachverständigen geprüft werden. Früher ist zum Teil nach Art der Anlagen unterschieden worden, ob die Sachverständigen anerkannt sein müssen oder nicht.

25 Die Verkaufsstättenverordnung enthält keine Vorschriften über das Anerkennungsverfahren selbst. Die Sachverständigen müssen ja nicht nur für die Prüfungen bei den Sonderbauten, sondern auch in anderen bauaufsichtlichen Verfahren tätig sein, es ist somit sinnvoll ihre Anerkennung in einer allgemeinen Verordnung über Sachverständige zu regeln.

Die Landesverordnungen regeln dann die Zulassung und Tätigkeit für die verschiedenen Fachbereiche (Standsicherheit, Brandschutz, sicherheitstechnische Anlagen usw.), die Aufgabenerledigung sowie die Vergütung. Zur Rechtsgrundlage für eine Sachverständigenverordnung siehe § 81 Abs. 2 MBO. 26

In § 30 Abs. 1 Satz 1 ist somit statt der Worte »nach Bauordnungsrecht« die jeweilige Sachverständigenverordnung mit Fundstelle einzufügen. 27

§ 31 Weitergehende Anforderungen

An Lagerräume, deren lichte Höhe mehr als 9 m beträgt, können aus Gründen des Brandschutzes weitergehende Anforderungen gestellt werden.

Erläuterungen

Übersicht Rdnr.
1. Weitergehende Anforderungen 1
2. Lagerräume 5
3. Hochregallager als Verkaufsräume 9

1. Weitergehende Anforderungen

Allgemein können die Bauaufsichtsbehörden im Genehmigungsverfahren oder in sonstigen bauaufsichtlichen Verfahren zur Abwehr erheblicher Gefahren weitergehende Anforderungen stellen, die über die materiellen Vorschriften hinausgehen, um die Anforderungen der sog. Generalklausel (§ 3 MBO) zu erfüllen. Es muss sich hierbei um einen Einzelfall handeln dessen atypische Gefahrenlage nicht der Gefahrenlage entspricht, die der Gesetzgeber bei der Regelung der materiellrechtlichen Anforderungen zugrunde gelegt hat 1

Bei den sog. Sonderbauverordnungen verhält es sich allerdings so, dass diese zumeist weitergehenden Anforderungen stellen. Soweit also die Verordnungen eine das konkrete Bauvorhaben und den Anforderungsbereich betreffende Regelung enthalten, womit bestimmte Gefahren und Nachteile vermieden werden sollen, können nicht nochmals darüber hinausgehende Forderungen erhoben werden. Im technischen Bereich ist es außerdem so, dass die Anforderungen nur sehr allgemein formuliert sind, während die Ausfüllung dem technischen Regelwerk überlassen bleiben muss. 2

Schlussvorschriften

3 Anders verhält es sich zur Vermeidung erheblicher Gefahren in Bereichen, die in den Verordnungen nicht geregelt sind, was insbesondere für die Anwendung auf ansonsten bestandsgeschützte Anlagen gilt.

4 Einige Landesverordnungen hatten früher entsprechende Vorschriften. Die Musterfassung der Verordnung hat darauf verzichtet, weil die Vorschriften der jeweiligen Landesbauordnung ausreichen müssen, um weitergehende oder nachträgliche Anforderungen stellen zu können.

2. Lagerräume

5 § 31 gilt für Lagerräume allgemein: An Lagerräume, deren lichte Höhe mehr als 9 m beträgt, können aus Gründen des Brandschutzes weitergehende Anforderungen gestellt werden.

6 Im Hinblick auf die Höhe von 9 m muss es sich um Lagerräume mit Regalen, hier genauer um Hochregallager handeln. Hochregale sind im übrigen als bauliche Anlagen anzusehen, die ab einer Höhe des Lagerguts von i. d. R. mehr als 7,5 m baugenehmigungspflichtig und als Sonderbauten zu behandeln sind.

7 Lagerräume sind zunächst solche, die allein Lagerzwecken dienen. In diesem Sinn sind z. B. in § 5 Abs. 2 Lagerräume in Verkaufsstätten ohne Sprinkleranlagen hinsichtlich der Trennwände aufgeführt. Nun ist es nicht sehr wahrscheinlich, dass sich in diesen – kleineren – Verkaufsstätten Lagerräume befinden, die so hoch sind, dass sie als Hochregallager anzusehen sind.

8 Werden Lagerräume in Verkaufsstätten errichtet, die gesprinklert sind, müssen die Lagerräume in den Sprinklerschutz einbezogen werden, was nicht ausschließt, dass es bei einem Hochregallager u. U. weiterer Anforderungen bedarf. Hochregallager sind aber meistens selbstständige Gebäude, an die dann die entsprechenden Anforderungen zu stellen sind.

3. Hochregallager als Verkaufsräume

9 Einen Sonderfall stellen Lagerräume mit Regalen dar, in denen die Waren auch zum Verkauf angeboten werden (meist zur Selbstbedienung). Die Lagerräume sind damit zugleich Verkaufsräume gemäß der Begriffsbestimmung in § 2 Abs. 3, was bedeutet, dass sie die Anforderungen an Verkaufsräume erfüllen müssen. Personenrettung und Brandbekämpfung werden mit zunehmender Höhe von Regalanlagen schwieriger. Die technischen Vorkehrungen, z. B. bei der Sprinklerung oder Brandmeldung werden komplizierter und aufwendiger. Es bedarf daher der Ermächtigung für

diese Fälle weitergehende Anforderungen stellen zu können, wobei 9 m als lichte Höhe schon hoch angesetzt ist.

§ 32 Übergangsvorschriften

Auf die im Zeitpunkt des In-Kraft-Tretens der Verordnung bestehenden Verkaufsstätten sind § 13 Abs. 4 und 5 und die §§ 24 bis 27 sowie § 30 anzuwenden.

Erläuterungen

An rechtmäßig bestehende bauliche Anlagen können im allgemeinen keine neuen Anforderungen gestellt werden. Das ist vielmehr nur in dem eng begrenzten Rahmen der Vorschriften der Bauordnung für bestehende bauliche Anlagen zulässig, was auch für Verkaufsstätten gilt. Eine andere Rechtslage ergibt sich für die Betriebsvorschriften der Verordnung und die Vorschriften über die Prüfungen; § 81 Abs. 1 Nr. 3 MBO enthält eine ausdrückliche Ermächtigung in dieser Hinsicht. 1

Die Betriebsvorschriften usw. sind auf die bestehenden Bauten auch dann anzuwenden, wenn die Anlagen früheren Vorschriften nicht oder nicht in gleichem Umfang unterworfen waren. Im großen ganzen sind aber die Betriebsvorschriften und die Prüfungsvorschriften dieselben geblieben. 2

Sollte sich herausstellen, dass einzelne Betriebsvorschriften wegen der baulichen Beschaffenheit der Verkaufsstätten oder der Art der technischen Einrichtungen nicht angewendet werden können, so ist zu prüfen, ob eine nachträgliche Anforderung nach den Vorschriften der Bauordnung geboten ist. Das gilt auch für sonstige bauliche Mängel (z. B. Feuerschutztüren). 3

Nach § 32 sind auf die im Zeitpunkt des Inkrafttretens der Verordnung bestehende Verkaufsstätten anzuwenden 4

– § 13 Abs. 4
Breite der Hauptgänge in den Verkaufsräumen und deren Führung bis zu Ausgängen oder weiterführenden Rettungswegen, Befestigung der Verkaufsstände an Hauptgängen,

– § 13 Abs. 5
Einrichtungen oder Einbauten in Ladensstraßen, notwendigen Fluren für Kunden und Hauptgängen,

– § 24
Gefahrenverhütung

Schlussvorschriften

- § 25
  Rettungswege auf dem Grundstück, Flächen für die Feuerwehr,
- § 26
  Verantwortliche Personen,
- § 27
  Brandschutzordnung,
- § 30
  Prüfungen.

5   Die Anwendung des § 13 Abs. 4 und 5 auf bestehende Verkaufsstätten kann bauliche Änderungen zur Folge haben, sodass in der Verordnung hierfür wohl eine Frist gesetzt werden sollte (wie z. B. in der Gaststättenbauverordnung). Bei den Betriebsvorschriften müsste auch die Abfalllagerung (§ 23) angesprochen werden.

6   Die §§ 24 bis 27 sind früher unter dem Begriff »Betriebsvorschriften« zusammengefasst worden (siehe Rdnrn. 1 bis 4 der Erl. zu § 24). Die Verordnung enthält zwar keine Vorschrift, welche die Bauaufsichtsbehörden zu regelmäßigen Prüfungen verpflichtet, was jedoch nicht ausschließt, gemäß § 59 Abs. 2 MBO tätig zu werden.

§ 33 Ordnungswidrigkeiten

Ordnungswidrig im Sinne des § 80 Abs. 1 Nr. 1 MBO handelt, wer vorsätzlich oder fahrlässig
1. Rettungswege entgegen § 13 Abs. 5 einengt oder einengen läßt,
2. Türen im Zuge von Rettungswegen entgegen § 15 Abs. 3 während der Betriebszeit abschließt oder abschließen läßt,
3. in Treppenräumen notwendiger Treppen, in Treppenraumerweiterungen oder in notwendigen Fluren entgegen § 24 Abs. 2 Dekorationen anbringt oder anbringen läßt oder Gegenstände abstellt oder abstellen läßt,
4. auf Ladenstraßen oder Hauptgängen entgegen § 24 Abs. 2 Gegenstände abstellt oder abstellen läßt,
5. Rettungswege auf dem Grundstück oder Flächen für die Feuerwehr entgegen § 25 Abs. 3 nicht freihält oder freihalten läßt,
6. als Betreiber oder dessen Vertreter entgegen § 26 Abs. 1 während der Betriebszeit nicht ständig anwesend ist,
7. als Betreiber entgegen § 26 Abs. 2 den Brandschutzbeauftragten und die Selbsthilfekräfte für den Brandschutz in der erforderlichen Anzahl nicht bestellt,

8. als Betreiber entgegen § 26 Abs. 5 nicht sicherstellt, dass Selbsthilfekräfte für den Brandschutz in der erforderlichen Anzahl während der Betriebszeit anwesend sind,
9. die vorgeschriebenen Prüfungen entgegen § 30 Abs. 1 nicht durchführen läßt.

Erläuterungen

§ 33 zählt, gestützt auf die Ermächtigung der Bauordnung über Ordnungswidrigkeiten (§ 80 Abs. 1 Nr. 1 MBO), die Tatbestände auf, die als Ordnungswidrigkeiten geahndet werden können. Es handelt sich um Verstöße gegen die Betriebsvorschriften der Verordnung. 1

Die sonstigen Ordnungswidrigkeitentatbestände der Bauordnung gelten selbstverständlich auch bei Verkaufsstätten. 2

Geldbußen sind auch im Bauordnungsrecht ein wichtiges und wirksames Mittel, um eine dem Gesetz entsprechende Ordnung durchzusetzen. Die praktische Bedeutung dieses Ordnungsmittels ist erheblich. 3

Geldbußen sind keine Strafen, sondern Sanktionen für ordnungswidriges Verhalten (Verwaltungsrecht). Sie unterscheiden sich auch vom Zwangsgeld, das ein Zwangsmittel zur Vollstreckung von Verwaltungsakten ist. Zwangsgeld und Geldbuße sind nebeneinander möglich. 4

§ 33 regelt im wesentlichen nur die einzelnen Ordnungswidrigkeiten-Tatbestände. Voraussetzungen, Rechtsfolgen und Verfahren ergeben sich vollständig nur aus der Verbindung mit dem Gesetz über Ordnungswidrigkeiten (OWiG), das auch für landesrechtliche Ordnungswidrigkeiten gilt. Teilweise enthält das OWiG Vorbehaltsklauseln zugunsten des Landesrechts. Die allgemeinen Voraussetzungen der einzelnen Tatbestände ergeben sich im wesentlichen aus dem OWiG. Als Ordnungswidrigkeiten des Baurechts können danach insbesondere nur rechtswidrige und vorwerfbare Handlungen geahndet werden, die einen der Tatbestände in § 33 verwirklichen. 5

Die *Handlung* kann in einem Tun oder in einem Unterlassen bestehen. Unterlassungstaten sind nur dann erheblich, wenn die Rechtsordnung vom Täter ein aktives Tun erwartet (vgl. § 8 OWiG). 6

Die Handlung muss *rechtswidrig* sein. Die Handlung ist rechtswidrig, wenn sie einem der gesetzlichen Tatbestände nach § 33 entspricht und keine Rechtfertigungsgründe (insbesondere Notwehr und Notstand, §§ 15, 16 OWiG, und zivilrechtliche Notrechte nach §§ 228, 229, 904 BGB) vorliegen. 7

Die Handlung muss *vorsätzlich* oder *fahrlässig* sein. Fahrlässige Handlungen können nur dann geahndet werden, wenn es ausdrücklich im Gesetz bestimmt ist (§ 10 OWiG). Vorsatz ist das bewusste und gewollte Verwirk- 8

Schlussvorschriften

lichen aller Merkmale des Tatbestandes. Er wird ausgeschlossen durch den Tatbestandsirrtum (§ 11 Abs. 1 OWiG). Fahrlässig handelt nach der Rechtsprechung, wer die Sorgfalt, zu der er nach den Umständen und nach seinen persönlichen Fähigkeiten und Kenntnissen verpflichtet und imstande ist, außer Acht lässt und deshalb den Erfolg nicht vorhersieht.

§ 34 In-Kraft-Treten

Diese Verordnung tritt am ...... in Kraft. Gleichzeitig tritt die Verordnung vom ...... außer Kraft.

Erläuterungen

1 Das Muster schlägt in § 34 vor, den Zeitpunkt des In-Kraft-Tretens und des Außer-Kraft-Tretens in der Verordnung selbst festzulegen. In einigen Ländern gilt für das In-Kraft-Treten der Tag nach der Verkündigung. Zumeist werden auch ältere Vorschriften aufgehoben werden müssen. Insgesamt geht es nach dem jeweiligen Landesrecht.

2 Soweit in Ländern die Verordnung nicht als Rechtsverordnung, sondern der Inhalt nur als Verwaltungsvorschrift erlassen wird, entfallen die §§ 32 bis 34 (siehe z. B. den Erlass des Hessischen Ministers für Wirtschaft, Verkehr und Landesentwicklung vom 7. Januar 2000, StAnz. S. 523).

Anhang

Anhang 1

Verordnung des Wirtschaftsministeriums über den Bau und Betrieb von Verkaufsstätten (Verkaufsstättenverordnung – VkVO)
des Landes BADEN-WÜRTTEMBERG vom 11. Februar 1997
(Veröffentlicht im Gesetzblatt des Landes BADEN-WÜRTTEMBERG Nr. 4, S. 84)

Anhang 2

Verordnung über den Bau und Betrieb von Verkaufsstätten
(Verkaufsstättenverordnung – VkVO)
des Landes NORDRHEIN-WESTFALEN vom 8. September 2000
(Veröffentlicht im Gesetz- und Verordnungsblatt für das Land NORDRHEIN-WESTFALEN, Nr. 46, S. 639)

MVkVO

Verordnung des Wirtschaftsministeriums über den Bau und Betrieb von Verkaufsstätten (Verkaufsstättenverordnung - VkV0)

Vom 11. Februar 1997 (GBl. Nr. 4 S. 84)

INHALTSÜBERSICHT

	§§
Anwendungsbereich	1
Begriffe	2
Tragende Wände und Stützen	3
Außenwände	4
Trennwände	5
Brandabschnitte	6
Decken	7
Dächer	8
Verkleidungen, Dämmstoffe	9
Rettungswege in Verkaufsstätten	10
Treppen	11
Treppenräume, Treppenraumerweiterungen	12
Ladenstraße, Flure. Hauptgänge	13
Ausgänge	14
Türen in Rettungswegen	15
Rauchabführung	16
Beheizung	17
Sicherheitsbeleuchtung	18
Blitzschutzanlagen	19
Feuerlöscheinrichtungen, Brandmeldeanlagen und Alarmierungseinrichtungen	20
Sicherheitsstromversorgungsanlagen	21
Lage der Verkaufsräume	22
Räume für Abfälle	23
Gefahrenverhütung	24
Rettungswege auf dem Grundstück, Flächen für die Feuerwehr	25
Verantwortliche Personen	26
Brandschutzordnung	27
Stellplätze für Behinderte	28
Zusätzliche Bauvorlagen	29
Prüfungen	30
Weitergehende Anforderungen	31
Übergangsvorschriften	32
Ordnungswidrigkeiten	33
Inkrafttreten	34

Auf Grund von § 73 Abs. 1 Nr. 2, 3 und 4 und Abs. 2 der Landesbauordnung für Baden-Württemberg (LBO) vom 8. August 1995 (GBl. S. 617) wird verordnet:

§ 1
Anwendungsbereich

Die Vorschriften dieser Verordnung gelten für jede Verkaufsstätte, deren Verkaufsräume und Ladenstraßen einschließlich ihrer Bauteile eine Fläche von insgesamt mehr als 2000 m2 haben.

§ 2
Begriffe

(1) Verkaufsstätten sind Gebäude oder Gebäudeteile, die

1. ganz oder teilweise dem Verkauf von Waren dienen,
2. mindestens einen Verkaufsraum haben und
3. keine Messebauten sind.

Zu einer Verkaufsstätte gehören alle Räume, die unmittelbar oder mittelbar, insbesondere durch Aufzüge oder Ladenstraßen, miteinander in Verbindung stehen; als Verbindung gilt nicht die Verbindung durch Treppenräume notwendiger Treppen sowie durch Leitungen, Schächte und Kanäle haustechnischer Anlagen.

(2) Erdgeschossige Verkaufsstätten sind Gebäude mit nicht mehr als einem Geschoß, dessen Fußboden an keiner Stelle mehr als 1 m unter der Geländeoberfläche liegt; dabei bleiben Treppenraumerweiterungen sowie Geschosse außer Betracht, die ausschließlich der Unterbringung haustechnischer Anlagen und Feuerungsanlagen dienen.

(3) Verkaufsräume sind Räume, in denen Waren zum Verkauf oder sonstige Leistungen angeboten werden oder die dem Kundenverkehr dienen, ausgenommen Treppenräume notwendiger Treppen, Treppenraumerweiterungen sowie Garagen. Ladenstraßen gelten nicht als Verkaufsräume.

(4) Ladenstraßen sind überdachte oder überdeckte Flächen, an denen Verkaufsräume liegen und die dem Kundenverkehr dienen.

131

Anhang 1

(5) Treppenraumerweiterungen sind Räume. die Treppenräume mit Ausgängen ins Freie verbinden.

§ 3
Tragende Wände und Stützen

Tragende Wände und Stützen müssen feuerbeständig, bei erdgeschossigen Verkaufsstätten ohne Sprinkleranlagen mindestens feuerhemmend sein. Dies gilt nicht für erdgeschossige Verkaufsstätten mit Sprinkleranlagen.

§ 4
Außenwände

(1) Außenwände müssen bestehen aus
1. nichtbrennbaren Baustoffen, soweit sie nicht feuerbeständig sind, bei Verkaufsstätten ohne Sprinkleranlagen,
2. mindestens schwerentflammbaren Baustoffen, soweit sie nicht feuerbeständig sind, bei Verkaufsstätten mit Sprinkleranlagen,
3. mindestens schwerentflammbaren Baustoffen, soweit sie nicht feuerhemmend sind, bei erdgeschossigen Verkaufsstätten.

(2) § 6 Absatz 1 der Allgemeinen Ausführungsverordnung zur Landesbauordnung (LBOAVO) bleibt unberührt.

§ 5
Trennwände

(1) Trennwände zwischen einer Verkaufsstätte und Räumen, die nicht zur Verkaufsstätte gehören, müssen feuerbeständig sein und dürfen keine Öffnungen haben.

(2) In Verkaufsstätten ohne Sprinkleranlagen sind Lagerräume mit einer Fläche von jeweils mehr als 100 m^2 sowie Werkräume mit erhöhter Brandgefahr, wie Schreinereien, Maler- oder Dekorationswerkstätten, von anderen Räumen durch feuerbeständige Wände zu trennen. Diese Werk- und Lagerräume müssen durch feuerbeständige Trennwände so unterteilt werden, daß Abschnitte von nicht mehr als 500 m^2 entstehen. Öffnungen in den Trennwänden müssen mindestens feuerhemmende und selbstschließende Abschlüsse haben.

§ 6
Brandabschnitte

(1) Verkaufsstätten sind durch Brandwände in Brandabschnitte zu unterteilen. Die Fläche der Brandabschnitte darf je Geschoß betragen in
1. erdgeschossigen Verkaufsstätten mit Sprinkleranlagen nicht mehr als 10000 m^2,
2. sonstigen Verkaufsstätten mit Sprinkleranlagen nicht mehr als 5000 m^2,
3. erdgeschossigen Verkaufsstätten ohne Sprinkleranlagen nicht mehr als 3000 m^2,
4. sonstigen Verkaufsstätten ohne Sprinkleranlagen nicht mehr als 1500 m^2, wenn sich die Verkaufsstätten über nicht mehr als drei Geschosse erstrecken und die Gesamtfläche aller Geschosse innerhalb eines Brandabschnitts nicht mehr als 3000 m^2 beträgt.

(2) Abweichend von Absatz 1 können Verkaufsstätten mit Sprinkleranlagen auch durch Ladenstraßen in Brandabschnitte unterteilt werden, wenn
1. die Ladenstraßen mindestens 10 m breit sind (vgl. Anhang Abb. 1 und 2),
2. die Ladenstraßen Rauchabzugsanlagen haben,
3. das Tragwerk der Dächer der Ladenstraßen aus nichtbrennbaren Baustoffen besteht und
4. die Bedachung der Ladenstraßen aus nichtbrennbaren Baustoffen oder, soweit sie lichtdurchlässig ist, aus mindestens schwer entflammbaren Baustoffen besteht; sie darf im Brandfall nicht brennend abtropfen.

(3) In Verkaufsstätten mit Sprinkleranlagen brauchen Brandwände abweichend von Absatz 1 im Kreuzungsbereich mit Ladenstraßen nicht hergestellt werden, wenn
1. die Ladenstraßen eine Breite von mindestens 10 m über eine Länge von mindestens 10 m beiderseits der Brandwände haben (vgl. Anhang Abb. 3) und
2. die Anforderungen nach Absatz 2 Nr. 2 und 3 in diesem Bereich erfüllt sind.

(4) Öffnungen in den Brandwänden nach Absatz 1 sind zulässig, wenn sie selbstschließende und feuerbeständige Abschlüsse haben. Die Abschlüsse müssen Feststellanlagen haben, die bei Raucheinwirkung ein selbsttätiges Schließen bewirken.

(5) Brandwände sind mindestens 30 cm über Dach zu führen oder in Höhe der Dachhaut mit einer beiderseits 50 cm auskragenden feuerbeständigen Platte aus nichtbrennbaren Baustoffen abzuschließen; darüber dürfen brennbare Teile des Daches nicht hinweggeführt werden.

§ 7
Decken

(1) Decken müssen feuerbeständig sein und aus nichtbrennbaren Baustoffen bestehen. Decken über Geschossen, deren Fußboden an keiner Stelle mehr als 1 m unter der Geländeoberfläche liegt, brauchen nur
1. feuerhemmend zu sein und aus nichtbrennbaren Baustoffen zu bestehen in erdgeschossigen Verkaufsstätten ohne Sprinkleranlagen,
2. aus nichtbrennbaren Baustoffen zu bestehen in erdgeschossigen Verkaufsstätten mit Sprinkleranlagen.

Für die Beurteilung der Feuerwiderstandsdauer bleiben abgehängte Unterdecken außer Betracht.

(2) Unterdecken einschließlich ihrer Aufhängungen müssen in Verkaufsräumen, Treppenräumen, Treppenraumerweiterungen, notwendigen Fluren und in Ladenstraßen aus nichtbrennbaren Baustoffen bestehen. In Verkaufsräumen mit Sprinkleranlagen dürfen Unterdecken aus brennbaren Baustoffen bestehen, wenn auch der Deckenhohlraum durch die Sprinkleranlagen geschützt ist.

(3) In Decken sind Öffnungen unzulässig. Dies gilt nicht für Öffnungen zwischen Verkaufsräumen, zwischen Verkaufsräumen und Ladenstraßen sowie zwischen Ladenstraßen
1. in Verkaufsstätten mit Sprinkleranlagen,
2. in Verkaufsstätten ohne Sprinkleranlagen, soweit die Öffnungen für nicht notwendige Treppen erforderlich sind.

§ 8
Dächer

(1) Das Tragwerk von Dächern, die den oberen Abschluß von Räumen der Verkaufsstätten bilden oder die von diesen Räumen nicht durch feuerbeständige Bauteile getrennt sind, muß
1. aus nichtbrennbaren Baustoffen bestehen in Verkaufsstätten mit Sprinkleranlagen, ausgenommen in erdgeschossigen Verkaufsstätten,
2. mindestens feuerhemmend sein in erdgeschossigen Verkaufsstätten ohne Sprinkleranlagen,
3. feuerbeständig sein in sonstigen Verkaufsstätten ohne Sprinkleranlagen.

(2) Bedachungen müssen
1. gegen Flugfeuer und strahlende Wärme widerstandsfähig sein und
2. bei Dächern, die den oberen Abschluß von Räumen der Verkaufsstätten bilden oder die von diesen Räumen nicht durch feuerbeständige Bauteile getrennt sind, aus nichtbrennbaren Baustoffen bestehen mit Ausnahme der Dachhaut und der Dampfsperre.

(3) Lichtdurchlässige Bedachungen über Verkaufsräumen und Ladenstraßen dürfen abweichend von Absatz 2 Nr. 1
1. schwerentflammbar sein bei Verkaufsstätten mit Sprinkleranlagen,
2. nichtbrennbar sein bei Verkaufsstätten ohne Sprinkleranlagen.

Sie dürfen im Brandfall nicht brennend abtropfen.

§ 9
Verkleidungen, Dämmstoffe

(1) Außenwandverkleidungen einschließlich der Dämmstoffe und Unterkonstruktionen müssen bestehen aus
1. mindestens schwerentflammbaren Baustoffen bei Verkaufsstätten mit Sprinkleranlagen und bei erdgeschossigen Verkaufsstätten,
2. nichtbrennbaren Baustoffen bei sonstigen Verkaufsstätten ohne Sprinkleranlagen.

(2) Deckenverkleidungen einschließlich der Dämmstoffe und Unterkonstruktionen müssen aus nichtbrennbaren Baustoffen bestehen.

(3) Wandverkleidungen einschließlich der Dämmstoffe und Unterkonstruktionen müssen in Treppenräumen, Treppenraumerweiterungen, notwendigen Fluren und in Ladenstraßen aus nichtbrennbaren Baustoffen bestehen.

§ 10
Rettungswege in Verkaufsstätten

(1) Für jeden Verkaufsraum, Aufenthaltsraum und für jede Ladenstraße müssen in demselben Geschoß mindestens zwei voneinander unabhängige Rettungswege zu Ausgängen ins Freie oder zu Treppenräumen notwendiger Treppen vorhanden sein. Anstelle eines dieser Rettungswege darf ein Rettungsweg über Außentreppen ohne Treppenräume, Rettungsbalkone, Terrassen und begehbare Dächer auf das Grundstück führen, wenn hinsichtlich des Brandschutzes keine Bedenken bestehen; dieser Rettungsweg gilt als Ausgang ins Freie.

(2) Von jeder Stelle

Anhang 1

1. eines Verkaufsraumes in höchstens 25 m Entfernung,
2. eines sonstigen Raumes oder einer Ladenstraße in höchstens 35 m Entfernung

muß mindestens ein Ausgang ins Freie oder ein Treppenraum notwendiger Treppen erreichbar sein (erster Rettungsweg).

(3) Der erste Rettungsweg darf, soweit er über eine Ladenstraße führt, auf der Ladenstraße eine zusätzliche Länge von höchstens 35 m haben, wenn die Ladenstraße Rauchabzugsanlagen hat und der nach Absatz 1 erforderliche zweite Rettungsweg für Verkaufsräume mit einer Fläche von mehr als 100 m² nicht über diese Ladenstraße führt.

(4) In Verkaufsstätten mit Sprinkleranlagen oder in erdgeschossigen Verkaufsstätten darf der Rettungsweg nach Absatz 2 und 3 innerhalb von Brandabschnitten eine zusätzliche Länge von höchstens 35 m haben, soweit er über einen notwendigen Flur für Kunden mit einem unmittelbaren Ausgang ins Freie oder in einen Treppenraum notwendiger Treppen führt.

(5) Von jeder Stelle eines Verkaufsraumes muß ein Hauptgang oder eine Ladenstraße in höchstens 10 m Entfernung erreichbar sein.

(6) In Rettungswegen ist nur eine Folge von mindestens drei Stufen zulässig. Die Stufen müssen eine Stufenbeleuchtung haben.

(7) An Kreuzungen der Ladenstraßen und der Hauptgänge sowie an Türen im Zuge von Rettungswegen ist deutlich und dauerhaft auf die Ausgänge durch Sicherheitszeichen hinzuweisen. Die Sicherheitszeichen müs-sen beleuchtet sein.

(8) Die Entfernungen nach den Absätzen 2 bis 5 sind in der Luftlinie, jedoch nicht durch Bauteile zu messen.

§ 11
Treppen

(1) Notwendige Treppen müssen feuerbeständig sein, aus nichtbrennbaren Baustoffen bestehen und an den Unterseiten geschlossen sein. Dies gilt nicht für notwendige Treppen nach § 10 Abs. 1 Satz 2, wenn keine Bedenken wegen des Brandschutzes bestehen.

(2) Notwendige Treppen für Kunden müssen mindestens 2 m breit sein und dürfen eine Breite von höchstens 2,50 m nicht überschreiten. Für notwendige Treppen für Kunden genügt eine Breite von mindestens 1,25 m, wenn die Treppen für Verkaufsräume bestimmt sind, deren Fläche insgesamt nicht mehr als 500 m² beträgt.

(3) Notwendige Treppen brauchen nicht in Treppenräumen zu liegen und die Anforderungen nach Absatz 1 Satz 1 nicht zu erfüllen in Verkaufsräumen, die

1. eine Fläche von nicht mehr als 100 m² haben oder
2. eine Fläche von mehr als 100 m², aber nicht mehr als 500 m² haben, wenn diese Treppen im Zuge nur eines der zwei erforderlichen Rettungswege liegen.

(4) Notwendige Treppen mit gewandelten Läufen sind in Verkaufsräumen unzulässig. Dies gilt nicht für notwendige Treppen nach Absatz 3.

(5) Treppen für Kunden müssen auf beiden Seiten Handläufe ohne freie Enden haben. Die Handläufe müssen fest und griffsicher sein und sind über Treppenabsätze fortzuführen.

§ 12
Notwendige Treppenräume, Treppenraumerweiterungen

(1) Innenliegende Treppenräume notwendiger Treppen sind in Verkaufsstätten zulässig.

(2) Die Wände von Treppenräumen notwendiger Treppen müssen in der Bauart von Brandwänden hergestellt sein. Bodenbeläge müssen in Treppenräumen notwendiger Treppen aus nichtbrennbaren Baustoffen bestehen.

(3) Treppenraumerweiterungen müssen

1. die Anforderungen an notwendige Treppenräume erfüllen,
2. feuerbeständige Decken aus nichtbrennbaren Baustoffen haben und
3. mindestens so breit sein wie die notwendigen Treppen, mit denen sie in Verbindung stehen.

Sie dürfen nicht länger als 35 m sein und keine Öffnungen zu anderen Räumen haben.

§ 13
Ladenstraßen, Flure, Hauptgänge

(1) Ladenstraßen müssen mindestens 5 m breit sein.

(2) Wände und Decken notwendiger Flure für Kunden

müssen

1. feuerbeständig sein und aus nichtbrennbaren Baustoffen bestehen in Verkaufsstätten ohne Sprinkleranlagen,
2. mindestens feuerhemmend sein und in den wesentlichen Teilen aus nichtbrennbaren Baustoffen bestehen in Verkaufsstätten mit Sprinkleranlagen.

Bodenbeläge in notwendigen Fluren für Kunden müssen mindestens schwer entflammbar sein.

(3) Notwendige Flure für Kunden müssen mindestens 2 m breit sein. Für notwendige Flure für Kunden genügt eine Breite von 1,40 m, wenn die Flure für Verkaufsräume bestimmt sind, deren Fläche insgesamt nicht mehr als 500 m^2 beträgt.

(4) Hauptgänge müssen mindestens 2 m breit sein. Sie müssen auf möglichst kurzem Wege zu Ausgängen ins Freie, zu Treppenräumen notwendiger Treppen, zu notwendigen Fluren für Kunden oder zu Ladenstraßen führen. Verkaufsstände an Hauptgängen müssen unverrückbar sein.

(5) Ladenstraßen, notwendige Flure für Kunden und Hauptgänge dürfen innerhalb der nach den Absätzen 1, 3 und 4 erforderlichen Breiten nicht durch Einbauten oder Einrichtungen eingeengt sein.

(6) Die Anforderungen an sonstige notwendige Flure nach § 12 LBOAVO bleiben unberührt.

§ 14
Ausgänge

(1) Jeder Verkaufsraum, Aufenthaltsraum und jede Ladenstraße müssen mindestens zwei Ausgänge haben, die ins Freie oder zu Treppenräumen notwendiger Treppen führen. Für Verkaufs- und Aufenthaltsräume, die eine Fläche von nicht mehr als 100 m^2 haben, genügt ein Ausgang.

(2) Ausgänge aus Verkaufsräumen müssen mindestens 2 m breit sein; für Ausgänge aus Verkaufsräumen, die eine Fläche von nicht mehr als 500 m^2 haben, genügt eine Breite von 1 m. Ein Ausgang, der in einen Flur führt, darf nicht breiter sein als der Flur.

(3) Die Ausgänge aus einem Geschoß einer Verkaufsstätte ins Freie oder in Treppenräume notwendiger Treppen müssen eine Breite von mindestens 30 cm je 100 m^2 der Flächen der Verkaufsräume haben; dabei bleiben die Flächen von Ladenstraßen außer Betracht. Ausgänge aus Geschossen einer Verkaufsstätte müssen mindestens 2 m breit sein. Ein Ausgang, der in einen

Treppenraum führt, darf nicht breiter sein als die notwendige Treppe.

(4) Ausgänge aus Treppenräumen notwendiger Treppen ins Freie oder in Treppenraumerweiterungen müssen mindestens so breit sein wie die notwendigen Treppen.

§ 15
Türen in Rettungswegen

(1) In Verkaufsstätten ohne Sprinkleranlagen müssen Türen von Treppenräumen notwendiger Treppen und von notwendigen Fluren für Kunden mindestens feuerhemmend, rauchdicht und selbstschließend sein, ausgenommen Türen, die ins Freie führen.

(2) In Verkaufsstätten mit Sprinkleranlagen müssen Türen von Treppenräumen notwendiger Treppen und von notwendigen Fluren für Kunden rauchdicht und selbstschließend sein, ausgenommen Türen, die ins Freie führen.

(3) Türen nach den Absätzen 1 und 2 sowie Türen, die ins Freie führen, dürfen nur in Fluchtrichtung aufschlagen und keine Schwellen haben. Sie müssen während der Betriebszeit von innen leicht und in voller Breite zu öffnen sein. Elektrische Verriegelungen von Türen in Rettungswegen sind nur zulässig, wenn die Türen im Gefahrenfall jederzeit geöffnet werden können.

(4) Türen, die selbstschließend sein müssen, dürfen offengehalten werden, wenn sie Feststellanlagen haben, die bei Raucheinwirkung ein selbsttätiges Schließen der Türen bewirken; sie müssen auch von Hand geschlossen werden können.

(5) Dreh- und Schiebetüren sind in Rettungswegen unzulässig; dies gilt nicht für automatische Dreh- und Schiebetüren, die die Rettungswege im Brandfall nicht beeinträchtigen. Pendeltüren müssen in Rettungswegen Schließvorrichtungen haben, die ein Durchpendeln der Türen verhindern.

(6) Rollläden, Scherengitter oder ähnliche Abschlüsse von Tür- und Toröffnungen oder Durchfahrten im Zuge von Rettungswegen müssen so beschaffen sein, daß sie von Unbefugten nicht geschlossen werden können.

Anhang 1

§ 16
Rauchabführung

(1) In Verkaufsstätten ohne Sprinkleranlagen müssen Verkaufsräume ohne notwendige Fenster nach § 34 Abs. 2 LBO sowie Ladenstraßen Rauchabzugsanlagen haben.

(2) In Verkaufsstätten mit Sprinkleranlagen müssen Lüftungsanlagen in Verkaufsräumen und Ladenstraßen im Brandfall so betrieben werden können, daß sie nur entlüften, soweit es die Zweckbestimmung der Absperrvorrichtungen gegen Brandübertragung zuläßt.

(3) Rauchabzugsanlagen müssen von Hand und automatisch durch Rauchmelder ausgelöst werden können und sind an den Bedienungsstellen mit der Aufschrift »Rauchabzug« zu versehen. An den Bedienungseinrichtungen muß erkennbar sein, ob die Rauchabzugsanlage betätigt wurde.

(4) Innenliegende Treppenräume notwendiger Treppen müssen Rauchabzugsanlagen haben. Sonstige Treppenräume notwendiger Treppen, die durch mehr als zwei Geschosse führen, müssen an ihrer obersten Stelle eine Rauchabzugsvorrichtung mit einem freien Querschnitt von mindestens 5 vom Hundert der Grundfläche der Treppenräume, jedoch nicht weniger als 1 m² haben. Die Rauchabzugsvorrichtungen müssen von jedem Geschoß aus zu öffnen sein.

§ 17
Beheizung

Feuerstätten dürfen in Verkaufsräumen, Ladenstraßen, Lager- und Werkräumen zur Beheizung nicht aufgestellt werden.

§ 18
Sicherheitsbeleuchtung

Verkaufsstätten müssen eine Sicherheitsbeleuchtung haben. Sie muß vorhanden sein
1. in Verkaufsräumen,
2. in Treppenräumen, Treppenraumerweiterungen und Ladenstraßen sowie in notwendigen Fluren für Kunden,
3. in Arbeits- und Pausenräumen,
4. in Toilettenräumen mit einer Fläche von mehr als 50 m²,
5. in elektrischen Betriebsräumen und Räumen für haustechnische Anlagen,

6. für Sicherheitszeichen, die auf Ausgänge hinweisen, und für die Stufenbeleuchtung.

§ 19
Blitzschutzanlagen

Gebäude mit Verkaufsstätten müssen Blitzschutzanlagen haben.

§ 20
Feuerlöscheinrichtungen, Brandmeldeanlagen und Alarmierungseinrichtungen

(1) Verkaufsstätten müssen Sprinkleranlagen haben. Dies gilt nicht für
1. erdgeschossige Verkaufsstätten nach § 6 Abs. 1 Satz 2 Nr. 3,
2. sonstige Verkaufsstätten nach § 6 Abs. 1 Satz 2 Nr. 4.

Geschosse einer Verkaufsstätte nach Satz 2 Nr. 2 müssen Sprinkleranlagen haben, wenn sie mit ihrem Fußboden im Mittel mehr als 3 m unter der Geländeoberfläche liegen und Verkaufsräume mit einer Fläche von mehr als 500 m² haben.

(2) In Verkaufsstätten müssen vorhanden sein:
1. geeignete Feuerlöscher und geeignete Wandhydranten
1. in ausreichender Zahl, gut sichtbar und leicht zugänglich,
2. Brandmeldeanlagen mit nichtautomatischen Brandmeldern zur unmittelbaren Alarmierung der dafür zuständigen Stelle und
3. Alarmierungseinrichtungen, durch die alle Betriebsangehörigen alarmiert und Anweisungen an sie und an die Kunden gegeben werden können.

§ 21
Sicherheitsstromversorgungsanlagen

Verkaufsstätten müssen eine Sicherheitsstromversorgungsanlage haben, die bei Ausfall der allgemeinen Stromversorgung den Betrieb der sicherheitstechnischen Anlagen und Einrichtungen übernimmt, insbesondere der
1. Sicherheitsbeleuchtung,
2. Beleuchtung der Stufen und Sicherheitszeichen,
3. Sprinkleranlagen,
4. Rauchabzugsanlagen,
5. Schließeinrichtungen für Feuerschutzabschlüsse (z. B. Rolltore),

6. Brandmeldeanlagen und
7. Alarmierungseinrichtungen.

§ 22
Lage der Verkaufsräume

Verkaufsräume, ausgenommen Gaststätten, dürfen mit ihrem Fußboden nicht mehr als 22 m über der Geländeoberfläche liegen. Verkaufsräume dürfen mit ihrem Fußboden im Mittel nicht mehr als 5 m unter der Geländeoberfläche liegen.

§ 23
Räume für Abfälle

Verkaufsstätten müssen für Abfälle besondere Räume haben, die mindestens den Abfall von zwei Tagen aufnehmen können. Die Räume müssen feuerbeständige Wände und Decken sowie mindestens feuerhemmende und selbstschließende Türen haben.

§ 24
Gefahrenverhütung

(1) Das Rauchen und das Verwenden von offenem Feuer ist in Verkaufsräumen und Ladenstraßen verboten. Dies gilt nicht für Bereiche, in denen Getränke oder Speisen verabreicht oder Besprechungen abgehalten werden. Auf das Verbot ist dauerhaft und leicht erkennbar hinzuweisen.

(2) In Treppenräumen notwendiger Treppen, in Treppenraumerweiterungen und in notwendigen Fluren dürfen keine Dekorationen vorhanden sein. In diesen Räumen sowie auf Ladenstraßen und Hauptgängen innerhalb der nach § 13 Abs. 1 und 4 erforderlichen Breiten dürfen keine Gegenstände abgestellt sein.

§ 25
Rettungswege auf dem Grundstück, Flächen für die Feuerwehr

(1) Kunden und Betriebsangehörige müssen aus der Verkaufsstätte unmittelbar oder über Flächen auf dem Grundstück auf öffentliche Verkehrsflächen gelangen können.

(2) Die erforderlichen Zu- und Durchfahrten sowie Aufstell- und Bewegungsflächen für die Feuerwehr müssen vorhanden sein.

(3) Die als Rettungswege dienenden Flächen auf dem Grundstück sowie die Flächen für die Feuerwehr nach Absatz 2 müssen ständig freigehalten werden. Hierauf ist dauerhaft und leicht erkennbar hinzuweisen.

§ 26
Verantwortliche Personen

(1) Während der Betriebszeit einer Verkaufsstätte muß der Betreiber oder ein von ihm bestimmter Vertreter ständig anwesend sein.

(2) Der Betreiber einer Verkaufsstätte hat
1. einen Brandschutzbeauftragten und
2. für Verkaufsstätten, deren Verkaufsräume eine Fläche

von insgesamt mehr als 15 000 m^2 haben, Selbsthilfekräfte für den Brandschutz

zu bestellen. Die Namen dieser Personen und jeder Wechsel sind der für den Brandschutz zuständigen Dienststelle auf Verlangen mitzuteilen. Der Betreiber hat für die Ausbildung dieser Personen im Einvernehmen mit der für den Brandschutz zuständigen Dienststelle zu sorgen.

(3) Der Brandschutzbeauftragte hat für die Einhaltung des § 13 Abs. 5, der §§ 24, 25 Abs. 3, des § 26 Abs. 5 und des § 27 zu sorgen.

(4) Die erforderliche Anzahl der Selbsthilfekräfte für den Brandschutz ist von der Baurechtsbehörde im Einvernehmen mit der für den Brandschutz zuständigen Dienststelle festzulegen.

(5) Selbsthilfekräfte für den Brandschutz müssen in erforderlicher Anzahl während der Betriebszeit der Verkaufsstätte anwesend sein.

§ 27
Brandschutzordnung

(1) Der Betreiber einer Verkaufsstätte hat im Einvernehmen mit der für den Brandschutz zuständigen Dienststelle eine Brandschutzordnung aufzustellen. In der Brandschutzordnung sind insbesondere die Aufgaben des Brandschutzbeauftragten und der Selbsthilfekräfte für den Brandschutz sowie die Maßnahmen festzulegen, die zur Rettung Behinderter, insbesondere Rollstuhlbenutzer, erforderlich sind.

(2) Die Betriebsangehörigen sind bei Beginn des Arbeitsverhältnisses und danach mindestens einmal jährlich zu belehren über

Anhang 1

1. die Lage und die Bedienung der Feuerlöschgeräte, Brandmelde- und Feuerlöscheinrichtungen und
2. die Brandschutzordnung, insbesondere über das Verhalten bei einem Brand oder bei einer Panik.

(3) Im Einvernehmen mit der für den Brandschutz zuständigen Dienststelle sind Feuerwehrpläne anzufertigen und der örtlichen Feuerwehr zur Verfügung zu stellen.

§ 28
Stellplätze für Behinderte

Mindestens 3 vom Hundert der notwendigen Stellplätze, mindestens jedoch ein Stellplatz, müssen für Behinderte vorgesehen sein. Auf diese Stellplätze ist dauerhaft und leicht erkennbar hinzuweisen.

§ 29
Zusätzliche Bauvorlagen

Die Bauvorlagen müssen zusätzliche Angaben enthalten über
1. eine Berechnung der Flächen der Verkaufsräume und der Brandabschnitte,
2. eine Berechnung der erforderlichen Breiten der Ausgänge aus den Geschossen ins Freie oder in Treppenräume notwendiger Treppen,
3. die Sprinkleranlagen, die sonstigen Feuerlöscheinrichtungen und die Feuerlöschgeräte,
4. die Brandmeldeanlagen,
5. die Alarmierungseinrichtungen,
6. die Sicherheitsbeleuchtung und die Sicherheitsstromversorgung,
7. die Rauchabzugsvorrichtungen und Rauchabzugsanlagen,
8. die Rettungswege auf dem Grundstück und die Flächen für die Feuerwehr.

§ 30
Prüfungen

(1) Folgende Anlagen müssen vor der ersten Inbetriebnahme der Verkaufsstätte, unverzüglich nach einer wesentlichen Änderung sowie jeweils mindestens alle 3 Jahre durch einen nach § 1 der Bausachverständigenverordnung anerkannten Sachverständigen auf ihre Wirksamkeit und Betriebssicherheit geprüft werden:
1. Sprinkleranlagen,
2. Rauchabzugsanlagen und Rauchabzugsvorrichtungen (§ 16),
3. Sicherheitsbeleuchtung (§ 18),
4. Brandmeldeanlagen (§ 20) und
5. Sicherheitsstromversorgungsanlagen (§ 21).

(2) Der Betreiber hat
1. die Prüfungen nach Absatz 1 zu veranlassen,
2. die hierzu nötigen Vorrichtungen und fachlich geeignete Arbeitskräfte bereitzustellen sowie die erforderlichen Unterlagen bereitzuhalten,
3. die von dem Sachverständigen festgestellten Mängel unverzüglich beseitigen zu lassen und dem Sachverständigen die Beseitigung mitzuteilen sowie
4. die Berichte über die Prüfungen mindestens fünf Jahre aufzubewahren und der Baurechtsbehörde auf Verlangen vorzulegen.

(3) Der Sachverständige hat der Baurechtsbehörde mitzuteilen,
1. wann er die Prüfungen nach Absatz 1 durchgeführt hat und
2. welche hierbei festgestellten Mängel der Betreiber nicht unverzüglich hat beseitigen lassen.

§ 31
Weitergehende Anforderungen

An Lagerräume, deren lichte Höhe mehr als 9 m beträgt, können aus Gründen des Brandschutzes weitergehende Anforderungen gestellt werden.

§ 32
Übergangsvorschriften

Auf die im Zeitpunkt des Inkrafttretens der Verordnung bestehenden Verkaufsstätten sind § 13 Abs. 4 und 5 und die §§ 24 bis 27 sowie § 30 anzuwenden.

§ 33
Ordnungswidrigkeiten

Ordnungswidrig nach § 75 Abs. 3 Nr. 2 LBO handelt, wer vorsätzlich oder fahrlässig
1. Rettungswege entgegen § 13 Abs. 5 einengt oder einengen läßt,
2. Türen im Zuge von Rettungswegen entgegen § 15 Abs. 3 während der Betriebszeit abschließt oder abschließen läßt,
3. in Treppenräumen notwendiger Treppen, in Trep-

penraumerweiterungen oder in notwendigen Fluren entgegen § 24 Abs. 3 Dekorationen anbringt oder anbringen läßt oder Gegenstände abstellt oder abstellen läßt,

4. auf Ladenstraßen oder Hauptgängen entgegen § 24 Abs. 2 Gegenstände abstellt oder abstellen läßt,
5. Rettungswege auf dem Grundstück oder Flächen für die Feuerwehr entgegen § 25 Abs. 3 nicht freihält oder freihalten läßt,
6. als Betreiber oder dessen Vertreter entgegen § 26 Abs. 1 während der Betriebszeit nicht ständig anwesend ist,
7. als Betreiber entgegen § 26 Abs. 2 den Brandschutzbeauftragten und die Selbsthilfekräfte für den Brandschutz in der erforderlichen Anzahl nicht bestellt,
8. als Betreiber entgegen § 26 Abs. 5 nicht sicherstellt, daß die Selbsthilfekräfte für den Brandschutz in der erforderlichen Anzahl während der Betriebszeit anwesend sind,
9. die vorgeschriebenen Prüfungen entgegen § 30 Abs. 1 nicht durchführen oder nach § 30 Abs. 2 Nr. 3 festgestellte Mängel nicht unverzüglich beseitigen läßt.

§ 34
Inkrafttreten

Diese Verordnung tritt am ersten Tage des auf die Verkündung folgenden Monats in Kraft. Gleichzeitig tritt die Verordnung des Innenministeriums über Waren- und sonstige Geschäftshäuser (Geschäftshausverordnung-GHVO) vom 15. August 1969 (GBl. S. 229) außer Kraft.

Anhang 1

Abbildung 1 zu § 6 Abs. 2 Nr. 1 VkVO

Bildung von Brandabschnitten durch
Ladenstraße und Brandwände

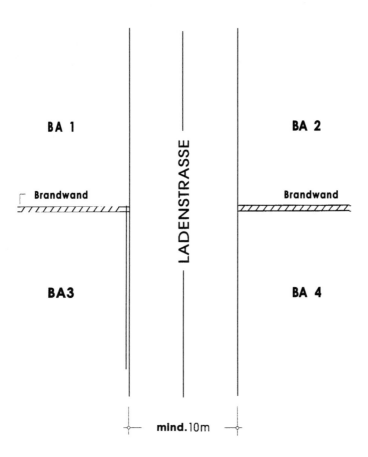

BA = BRANDABSCHNITT

MVkVO

Abbildung 7 zu § 6 Abs. 2 Nr. 1 VkVO

Bildung von Brandabschnitten durch Ladenstraßen

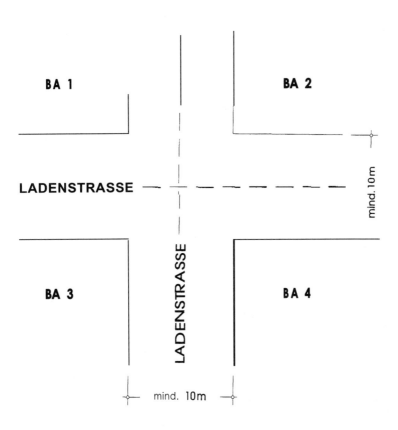

BA = BRANDABSCHNITT

Anhang 1

Abbildung 3 zu § 6 Abs. 3 Nr. 1 VkVO

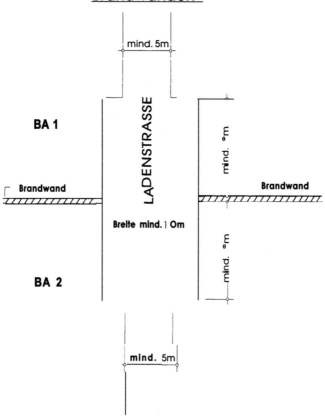

BA = BRANDABSCHNITT

MVkVO

Verordnung über den Bau und Betrieb von Verkaufsstätten
(Verkaufsstättenverordnung - VkVO -)[*]
Vom 8.September 2000

Aufgrund des § 85 Abs. 1 Nrn. 5 und 6 der Landesbauordnung (BauO NRW) in der Fassung der Bekanntmachung vom 1. März 2000 (GV. NRW. S. 256), geändert durch Gesetz vom 9. Mai 2000 (GV. NRW. S. 439), wird nach Anhörung des Ausschusses für Städtebau und Wohnungswesen des Landtags verordnet:

Inhaltsverzeichnis
§ 1 Anwendungsbereich
§ 2 Begriffe
§ 3 Wände, Pfeiler, Stützen, Decken, Dachtragwerke, Bekleidungen und Dämmstoffe
§ 4 Trennwände
§ 5 Brandabschnitte
§ 6 Decken
§ 7 Dächer
§ 8 Rettungswege in Verkaufsstätten
§ 9 Treppen
§ 10 Notwendige Treppenräume, Treppenraumerweiterungen
§ 11 Ladenstraßen, Flure, Hauptgänge
§ 12 Ausgänge
§ 13 Türen in Rettungswegen
§ 14 Rauchabführung
§ 15 Beheizung
§ 16 Sicherheitsbeleuchtung
§ 17 Blitzschutzanlagen
§ 18 Feuerlöscheinrichtungen, Brandmeldeanlagen und Alarmierungseinrichtungen
§ 19 Sicherheitsstromversorgungsanlagen
§ 20 Lage der Verkaufsräume
§ 21 Räume für Abfälle
§ 22 Gefahrenverhütung
§ 23 Rettungswege auf dem Grundstück, Flächen für die Feuerwehr
§ 24 Verantwortliche Personen
§ 25 Brandschutzordnung
§ 26 Stellplätze für Behinderte
§ 27 Prüfungen
§ 28 Weitergehende Anforderungen
§ 29 Übergangsvorschriften
§ 30 Ordnungswidrigkeiten
§ 31 Inkrafttreten

§ 1
Anwendungsbereich

Die Vorschriften dieser Verordnung gelten für jede Verkaufsstätte, deren Verkaufsräume und Ladenstraßen einschließlich ihrer Bauteile eine Fläche von insgesamt mehr als 2.000 m² haben.

§ 2
Begriffe

(1) Verkaufsstätten sind Gebäude oder Gebäudeteile, die
1. ganz oder teilweise dem Verkauf von Waren dienen,
2. mindestens einen Verkaufsraum haben und
3. keine Messebauten sind.
Zu einer Verkaufsstätte gehören alle Räume, die unmittelbar oder mittelbar, insbesondere durch

Anhang 2

Aufzüge oder Ladenstraßen, miteinander in Verbindung stehen; als Verbindung gilt nicht die Verbindung durch notwendige Treppenräume sowie durch Leitungen, Schächte und Kanäle haustechnischer Anlagen.
(2) Erdgeschossige Verkaufsstätten sind Gebäude mit nicht mehr als einem Geschoss, dessen Fußboden an keiner Stelle mehr als 1 m unter der Geländeoberfläche liegt; dabei bleiben Treppenraum- erweiterungen sowie Geschosse außer Betracht, die ausschließlich der Unterbringung haustechnischer Anlagen dienen.
(3) Verkaufsräume sind Räume, in denen Waren zum Verkauf oder sonstige Leistungen angeboten werden oder die dem Kundenverkehr dienen, ausgenommen notwendige Treppenräume, Treppenraumerweiterungen sowie Garagen. Ladenstraßen gelten nicht als Verkaufsräume.
(4) Ladenstraßen sind überdachte oder überdeckte Flächen, an denen Verkaufsräume liegen und die dem Kundenverkehr dienen.
(5) Treppenraumerweiterungen sind Räume, die Treppenräume mit Ausgängen ins Freie verbinden.

§ 3
Wände, Pfeiler, Stützen, Decken, Dachtragwerke, Bekleidungen und Dämmstoffe
Wände, Pfeiler, Stützen, Decken, Dachtragwerke, Bekleidungen und Dämmstoffe müssen hinsichtlich ihres Brandverhaltens nachfolgende Mindestanforderungen erfüllen:

§ 4
Trennwände
(1) Trennwände zwischen einer Verkaufsstätte und Räumen, die nicht zur Verkaufsstätte gehören, dürfen keine Öffnungen haben.
(2) In Verkaufsstätten ohne Sprinkleranlagen sind Lagerräume mit einer Fläche von jeweils mehr als 100 m² sowie Werkräume mit erhöhter Brandgefahr, wie Schreinereien, Maler- oder Dekorationswerkstätten, von anderen Räumen durch Wände der Feuerwiderstandsklasse F 90 und in den wesentlichen Teilen aus nichtbrennbaren Baustoffen (F 90-AB) zu trennen. Diese Werk- und Lagerräume müssen durch Trennwände der Feuerwiderstandsklasse F 90 und in den wesentlichen Teilen aus nichtbrennbaren Baustoffen (F 90-AB) so unterteilt werden, dass Abschnitte von nicht mehr als 500 m² entstehen. Öffnungen in den Trennwänden müssen Feuerschutzabschlüsse der Feuerwiderstandsklasse T 30 erhalten.

§ 5
Brandabschnitte
(1) Verkaufsstätten sind durch Gebäudetrennwände in der Bauart von Brandwänden in Brandabschnitte zu unterteilen. Die Fläche der Brandabschnitte darf je Geschoss betragen in
1. erdgeschossigen Verkaufsstätten mit Sprinkleranlagen nicht mehr als 10.000 m²,
2. sonstigen Verkaufsstätten mit Sprinkleranlagen nicht mehr als 5.000 m²,
3. erdgeschossigen Verkaufsstätten ohne Sprinkleranlagen nicht mehr als 3.000 m²,
4. sonstigen Verkaufsstätten ohne Sprinkleranlagen nicht mehr als 1.500 m², wenn sich die Verkaufsstätten über nicht mehr als drei Geschosse erstrecken und die Gesamtfläche aller Geschosse innerhalb eines Brandabschnitts nicht mehr als 3.000 m² beträgt.
(2) Abweichend von Absatz 1 können Verkaufsstätten mit Sprinkleranlagen auch durch Ladenstraßen in Brandabschnitte unterteilt werden, wenn
1. die Ladenstraßen mindestens 10 m breit sind und auf dieser Breite durch Einbauten oder feste Einrichtungen nicht eingeengt werden,
2. die Ladenstraßen auf einer markierten Breite von mindestens 5 m von Brandlasten freigehalten werden,
3. die Ladenstraßen Rauchabzugsanlagen haben,
4. das Tragwerk der Dächer der Ladenstraßen aus nichtbrennbaren Baustoffen besteht und
5. die Bedachung der Ladenstraßen aus nichtbrennbaren Baustoffen (A) oder, soweit sie

lichtdurchlässig ist, aus mindestens schwerentflammbaren Baustoffen (B 1) besteht; sie darf im Brandfall nicht brennend abtropfen.

(3) In Verkaufsstätten mit Sprinkleranlagen brauchen die Gebäudetrennwände abweichend von Absatz 1 im Kreuzungsbereich mit Ladenstraßen nicht hergestellt zu werden, wenn
1. die Ladenstraßen eine Breite von mindestens 10 m über eine Länge von mindestens 10 m beiderseits der Gebäudetrennwände haben und auf dieser Breite durch Einbauten oder feste Einrichtungen nicht eingeengt werden,
2. die Ladenstraßen auf einer markierten Länge von 5 m beiderseits der Gebäudetrennwand und auf der vollen Breite von Brandlasten freigehalten werden,
3. die Anforderungen nach Absatz 2 Nrn. 3 bis 5 in diesem Bereich erfüllt sind.

(4) Öffnungen in den Gebäudetrennwänden nach Absatz 1 sind zulässig, wenn sie Feuerschutzabschlüsse der Feuerwiderstandsklasse T 90 erhalten. Die Abschlüsse müssen Feststellanlagen haben, die bei Raucheinwirkung ein selbsttätiges Schließen bewirken.

(5) Gebäudetrennwände sind mindestens 30 cm über Dach zu führen oder in Höhe der Dachhaut mit einer beiderseits 50 cm auskragenden Platte in der Feuerwiderstandsklasse F 90 und aus nichtbrennbaren Baustoffen (F 90-A) abzuschließen; darüber dürfen brennbare Teile des Daches nicht hinweggeführt werden.

(6) § 31 Abs. 1 Nr. 1 BauO NRW bleibt unberührt.

§ 6
Decken

(1) Für die Beurteilung der nach § 3 erforderlichen Feuerwiderstandsdauer der Decken bleiben abgehängte Unterdecken außer Betracht.

(2) Unterdecken einschließlich ihrer Aufhängungen müssen in Verkaufsräumen, Treppenräumen, Treppenraumerweiterungen, notwendigen Fluren und in Ladenstraßen aus nichtbrennbaren Baustoffen (A) bestehen. In Verkaufsstätten mit Sprinkleranlagen dürfen Unterdecken aus brennbaren Baustoffen bestehen, wenn auch der Deckenhohlraum durch die Sprinkleranlagen geschützt ist.

(3) In Decken sind Öffnungen unzulässig. Dies gilt nicht für Öffnungen zwischen Verkaufsräumen, zwischen Verkaufsräumen und Ladenstraßen sowie zwischen Ladenstraßen
1. in Verkaufsstätten mit Sprinkleranlagen,
2. in Verkaufsstätten ohne Sprinkleranlagen, soweit die Öffnungen für nicht notwendige Treppen erforderlich sind.

§ 7
Dächer

(1) Das Tragwerk von Dächern, die den oberen Abschluss von Räumen der Verkaufsstätten bilden oder die von diesen Räumen nicht durch Bauteile der Feuerwiderstandsklasse F 90 und in den wesentlichen Teilen aus nichtbrennbaren Baustoffen (F 90-AB) getrennt sind, bestimmt sich nach § 3 Tabelle Zeile 5.

(2) Bedachungen müssen
1. gegen Flugfeuer und strahlende Wärme widerstandsfähig sein und
2. bei Dächern, die den oberen Abschluss von Räumen der Verkaufsstätten bilden oder die von diesen Räumen nicht durch Bauteile der Feuerwiderstandsklasse F 90 und in den wesentlichen Teilen aus nichtbrennbaren Baustoffen (F 90-AB) getrennt sind, aus nichtbrennbaren Baustoffen bestehen mit Ausnahme der Dachhaut und der Dampfsperre.

(3) Lichtdurchlässige Bedachungen über Verkaufsräumen und Ladenstraßen dürfen abweichend von Absatz 2 Nr. 1
1. schwer entflammbar sein bei Verkaufsstätten mit Sprinkleranlagen,
2. nichtbrennbar sein bei Verkaufsstätten ohne Sprinkleranlagen.
Sie dürfen im Brandfall nicht brennend abtropfen.

§ 8
Rettungswege in Verkaufsstätten

Anhang 2

(1) Für jeden Verkaufsraum, Aufenthaltsraum und für jede Ladenstraße müssen in demselben Geschoss mindestens zwei möglichst entgegengesetzt führende Rettungswege zu Ausgängen ins Freie oder zu notwendigen Treppenräumen vorhanden sein. Anstelle eines dieser Rettungswege darf ein Rettungsweg über Außentreppen ohne Treppenräume, Rettungsbalkone, Terrassen und begehbare Dächer auf das Grundstück führen, wenn hinsichtlich des Brandschutzes keine Bedenken bestehen; dieser Rettungsweg gilt als Ausgang ins Freie.
(2) Von jeder Stelle
1. eines Verkaufsraumes in höchstens 25 m Entfernung,
2. eines sonstigen Raumes oder einer Ladenstraße in höchstens 35 m Entfernung
muss mindestens ein Ausgang ins Freie oder ein notwendiger Treppenraum erreichbar sein (erster Rettungsweg). Die Entfernung wird in der Luftlinie, jedoch nicht durch Bauteile gemessen.
Die Länge der Lauflinie darf in Verkaufsräumen 35 m nicht überschreiten.
(3) Der erste Rettungsweg darf, soweit er über eine Ladenstraße führt, auf der Ladenstraße eine zusätzliche Länge von höchstens 35 m haben, wenn die Ladenstraße Rauchabzugsanlagen hat und der nach Absatz 1 erforderliche zweite Rettungsweg für Verkaufsräume mit einer Fläche von mehr als 100 m² nicht über diese Ladenstraße führt.
(4) In Verkaufsstätten mit Sprinkleranlagen oder in erdgeschossigen Verkaufsstätten darf der Rettungsweg nach Absatz 2 und 3 innerhalb von Brandabschnitten eine zusätzliche Länge von höchstens 35 m haben, soweit er über einen notwendigen Flur für Kundinnen oder Kunden mit einem unmittelbaren Ausgang ins Freie oder in einen notwendigen Treppenraum führt.
(5) Von jeder Stelle eines Verkaufsraumes muss ein Hauptgang oder eine Ladenstraße in höchstens 10 m Entfernung, gemessen in der Luftlinie, erreichbar sein.
(6) In Rettungswegen ist nur eine Folge von mindestens drei Stufen zulässig. Die Stufen müssen eine Stufenbeleuchtung haben.
(7) An Kreuzungen der Ladenstraßen und der Hauptgänge sowie an Türen im Zuge von Rettungswegen ist deutlich und dauerhaft auf die Ausgänge durch Sicherheitszeichen hinzuweisen. Die Sicherheitszeichen müssen beleuchtet sein.

§ 9
Treppen

(1) Notwendige Treppen sind in der Feuerwiderstandsklasse F 90 und aus nichtbrennbaren Baustoffen (F 90-A) herzustellen; an den Unterseiten müssen sie geschlossen sein. Dies gilt nicht für notwendige Treppen nach § 8 Abs. 1 Satz 2, wenn wegen des Brandschutzes Bedenken nicht bestehen.
(2) Notwendige Treppen für Kundinnen oder Kunden müssen mindestens 2 m breit sein und dürfen eine Breite von 2,50 m nicht überschreiten. Es genügt eine Breite von mindestens 1,25 m, wenn die Treppen für Verkaufsräume bestimmt sind, deren Fläche insgesamt nicht mehr als 500 m² beträgt.
(3) Notwendige Treppen brauchen nicht in Treppenräumen zu liegen und die Anforderungen nach Absatz 1 Satz 1 nicht zu erfüllen in Verkaufsräumen, die
1. eine Fläche von nicht mehr als 100 m² haben oder
2. eine Fläche von mehr als 100 m², aber nicht mehr als 500 m² haben, wenn diese Treppen im Zuge von eines der zwei erforderlichen Rettungswege liegen.
(4) Notwendige Treppen mit gewendelten Läufen sind in Verkaufsräumen unzulässig. Dies gilt nicht für Treppen nach Absatz 3.
(5) Treppen für Kundinnen oder Kunden müssen auf beiden Seiten Handläufe ohne freie Enden haben. Die Handläufe müssen fest und griffsicher sein und sind über Treppenabsätze fortzuführen.

§ 10
Notwendige Treppenräume, Treppenraumerweiterungen

(1) Innenliegende notwendige Treppenräume sind in Verkaufsstätten zulässig.

(2) Die Wände von notwendigen Treppenräumen müssen in der Bauart von Brandwänden hergestellt sein. Bodenbeläge müssen in notwendigen Treppenräumen aus nichtbrennbaren Baustoffen (A) bestehen.
(3) Treppenraumerweiterungen müssen
1. die Anforderungen an notwendige Treppenräume erfüllen,
2. Decken der Feuerwiderstandsklasse F 90 aus nichtbrennbaren Baustoffen (F 90-A) haben und
3. mindestens so breit sein, wie die notwendigen Treppen, mit denen sie in Verbindung stehen.
Sie dürfen nicht länger als 35 m sein und keine Öffnungen zu anderen Räumen haben.

§ 11
Ladenstraßen, Flure, Hauptgänge

(1) Ladenstraßen müssen mindestens 5 m breit sein.
(2) Wände und Decken notwendiger Flure für Kundinnen oder Kunden sind
1. in Verkaufsstätten ohne Sprinkleranlagen in der Feuerwiderstandsklasse F 90 und aus nichtbrennbaren Baustoffen (F 90-A) herzustellen,
2. in Verkaufsstätten mit Sprinkleranlagen mindestens in der Feuerwiderstandsklasse F 30 und in den wesentlichen Teilen aus nichtbrennbaren Baustoffen (F 30-AB) herzustellen.
Bodenbeläge in notwendigen Fluren für Kundinnen oder Kunden müssen mindestens schwerentflammbar (B 1) sein.
(3) Notwendige Flure für Kundinnen oder Kunden müssen mindestens 2 m breit sein. Es genügt eine Breite von 1,40 m, wenn die Flure für Verkaufsräume bestimmt sind, deren Fläche insgesamt nicht mehr als 500 m² beträgt.
(4) Hauptgänge müssen mindestens 2 m breit sein. Sie müssen auf möglichst kurzem Wege zu Ausgängen ins Freie, zu notwendigen Treppenräumen, zu notwendigen Fluren für Kundinnen oder Kunden oder zu Ladenstraßen führen. Verkaufsstände an Hauptgängen müssen unverrückbar sein.
(5) Ladenstraßen, notwendige Flure für Kundinnen oder Kunden und Hauptgänge dürfen innerhalb der nach den Absätzen 1, 3 und 4 erforderlichen Breiten nicht durch Einbauten, feste Einrichtungen, Waren oder Gegenstände, die der Präsentation dienen, eingeengt sein.
(6) Die Anforderungen an sonstige notwendige Flure nach § 38 BauO NRW bleiben unberührt.

§ 12
Ausgänge

(1) Jeder Verkaufsraum, Aufenthaltsraum und jede Ladenstraße müssen mindestens zwei Ausgänge haben, die zum Freien oder zu notwendigen Treppenräumen führen. Für Verkaufs- und Aufenthaltsräume, die eine Fläche von nicht mehr als 100 m² haben, genügt ein Ausgang.
(2) Kellergeschosse mit anderen als den in Absatz 1 genannten Nutzungen müssen in jedem Brandabschnitt mindestens zwei getrennte Ausgänge haben. Von diesen Ausgängen muss mindestens einer unmittelbar oder über eine eigene außenliegende Treppe, die mit anderen über dem Erdgeschoss liegenden Treppenräumen des Gebäudes nicht in Verbindung stehen darf, ins Freie führen.
(3) Ausgänge aus Verkaufsräumen müssen mindestens 2 m breit sein; für Ausgänge aus Verkaufsräumen, die eine Fläche von nicht mehr als 500 m² haben, genügt eine Breite von 1 m. Ein Ausgang, der in einen Flur führt, darf nicht breiter sein als der Flur.
(4) Die Ausgänge aus einem Geschoss einer Verkaufsstätte ins Freie oder in notwendige Treppenräume müssen eine Breite von 30 cm je 100 m² der Flächen der Verkaufsräume, mindestens jedoch von 2 m haben; dabei bleiben die Flächen von Ladenstraßen außer Betracht. Ein Ausgang, der in einen Treppenraum führt, darf nicht breiter sein als die notwendige Treppe.
(5) Ausgänge aus notwendigen Treppenräumen ins Freie oder in Treppenraumerweiterungen müssen mindestens so breit sein wie die notwendigen Treppen.

§ 13
Türen in Rettungswegen

(1) In Verkaufsstätten ohne Sprinkleranlagen sind Türen von notwendigen Treppenräumen und

Anhang 2

von notwendigen Fluren für Kundinnen oder Kunden als Feuerschutzabschlüsse der Feuerwiderstandsklasse T 30 herzustellen, die auch die Anforderungen an Rauchschutztüren erfüllen. Dies gilt nicht für Türen, die ins Freie führen.
(2) In Verkaufsstätten mit Sprinkleranlagen müssen Türen von notwendigen Treppenräumen und von notwendigen Fluren für Kundinnen oder Kunden Rauchschutztüren sein. Dies gilt nicht für Türen, die ins Freie führen.
(3) Türen nach den Absätzen 1 und 2 sowie Türen, die ins Freie führen, dürfen nur in Fluchtrichtung aufschlagen und keine Schwellen haben. Sie müssen während der Betriebszeit von innen leicht in voller Breite zu öffnen sein. Elektrische Verriegelungen von Türen in Rettungswegen sind nur zulässig, wenn die Türen im Gefahrenfall jederzeit geöffnet werden können.
(4) Türen, die selbstschließend sein müssen, dürfen offengehalten werden, wenn sie Feststellanlagen haben, die bei Raucheinwirkung ein selbsttätiges Schließen der Türen bewirken; sie müssen auch von Hand geschlossen werden können.
(5) Drehtüren und Schiebetüren sind in Rettungswegen unzulässig; dies gilt nicht für automatische Dreh- und Schiebetüren, die die Rettungswege im Brandfall nicht beeinträchtigen. Pendeltüren müssen in Rettungswegen Schließvorrichtungen haben, die ein Durchpendeln der Türen verhindern.
(6) Rolläden, Scherengitter oder ähnliche Abschlüsse von Türöffnungen, Toröffnungen oder Durchfahrten im Zuge von Rettungswegen müssen so beschaffen sein, dass sie von Unbefugten nicht geschlossen werden können.

§ 14
Rauchabführung

(1) In Verkaufsstätten ohne Sprinkleranlagen müssen Verkaufsräume sowie Ladenstraßen Rauchabzugsanlagen haben. Dies gilt nicht für Verkaufsräume mit notwendigen Fenstern nach § 48 Abs. 2 BauO NRW, wenn das Rohbaumaß der Fensteröffnungen mindestens ein Achtel der Grundfläche des Raumes beträgt.
(2) In Verkaufsstätten mit Sprinkleranlagen müssen Lüftungsanlagen in Verkaufsräumen und Ladenstraßen so betrieben werden können, dass sie im Brandfall nur entlüften, und zwar solange bis die Absperrvorrichtungen gegen Brandübertragung ihrer Zweckbestimmung entsprechend schließen.
(3) Rauchabzugsanlagen müssen von Hand und automatisch durch Rauchmelder ausgelöst werden können und sind an den Bedienungsstellen mit der Aufschrift "Rauchabzug" zu versehen. An den Bedienungseinrichtungen muss erkennbar sein, ob die Rauchabzugsanlage betätigt wurde.
(4) Innenliegende notwendige Treppenräume sind durch Lüftungsanlagen so auszubilden, dass ihre Benutzung durch Raucheintritt nicht gefährdet werden kann. In sonstigen notwendigen Treppenräumen, die durch mehr als zwei Geschosse führen, muss an ihrer obersten Stelle ein Rauchabzug vorhanden sein; der Rauchabzug muss eine freie Öffnung mit einem freien Querschnitt von mindestens 5 v. H. der Grundfläche des Treppenraumes, mindestens jedoch von 1 m^2 haben. Der Rauchabzug muss von jedem Geschoss aus zu öffnen sein.

§ 15
Beheizung

Feuerstätten dürfen in Verkaufsräumen, Ladenstraßen, Lagerräumen und Werkräumen zur Beheizung nicht aufgestellt werden.

§ 16
Sicherheitsbeleuchtung

Verkaufsstätten müssen eine Sicherheitsbeleuchtung haben. Sie muss vorhanden sein
1. in Verkaufsräumen,
2. in Treppenräumen, Treppenraumerweiterungen und Ladenstraßen sowie in notwendigen Fluren für Kundinnen oder Kunden,

3. in Arbeits- und Pausenräumen,
4. in Toilettenräumen mit einer Fläche von mehr als 50 m²,
5. in elektrischen Betriebsräumen und Räumen für haustechnische Anlagen,
6. für Hinweisschilder auf Ausgänge und für Stufenbeleuchtung.

§ 17
Blitzschutzanlagen

Gebäude mit Verkaufsstätten müssen Blitzschutzanlagen haben.

§ 18
Feuerlöscheinrichtungen, Brandmeldeanlagen und Alarmierungseinrichtungen

(1) Verkaufsstätten müssen Sprinkleranlagen haben. Dies gilt nicht für
1. erdgeschossige Verkaufsstätten nach § 5 Abs. 1 Nr. 3,
2. sonstige Verkaufsstätten nach § 5 Abs. 1 Nr. 4.
Geschosse einer Verkaufsstätte nach Satz 2 Nr. 2 müssen Sprinkleranlagen haben, wenn sie mit ihrem Fußboden im Mittel mehr als 3 m unter der Geländeoberfläche liegen und Verkaufsräume mit einer Fläche von mehr als 500 m² haben.
(2) In Verkaufsstätten müssen vorhanden sein:
1. geeignete Feuerlöscher und geeignete Wandhydranten in ausreichender Zahl, gut sichtbar und leicht zugänglich,
2. Brandmeldeanlagen mit nichtautomatischen Brandmeldern zur unmittelbaren Alarmierung der Leitstelle für den Feuerschutz und den Rettungsdienst und
3. Alarmierungseinrichtungen, durch die alle Betriebsangehörigen alarmiert und Anweisungen an sie und an die Kundinnen oder Kunden gegeben werden können.
In Verkaufsstätten ohne Sprinkleranlagen muss eine automatische Brandmeldeanlage (Kenngröße "Rauch") zur unmittelbaren Alarmierung einer ständig besetzten Stelle (wie Betriebszentrale, Pförtner) vorhanden sein. Die Anlage ist zusätzlich bei der Leitstelle für den Feuerschutz und den Rettungsdienst aufzuschalten.

§ 19
Sicherheitsstromversorgungsanlagen

Verkaufsstätten müssen eine Sicherheitsstromversorgungsanlage haben, die bei Ausfall der allgemeinen Stromversorgung den Betrieb der sicherheitstechnischen Anlagen und Einrichtungen übernimmt, insbesondere der
1. Sicherheitsbeleuchtung,
2. Beleuchtung der Stufen und Hinweise auf Ausgänge,
3. Sprinkleranlagen mit mehr als 5000 Sprinklern,
4. Rauchabzugsanlagen,
5. Schließeinrichtungen für Feuerschutzabschlüsse (z. B. Rolltore),
6. Brandmeldeanlagen,
7. Alarmierungseinrichtungen,
8. Druckerhöhungsanlagen.

§ 20
Lage der Verkaufsräume

Verkaufsräume, ausgenommen Gaststätten, dürfen mit ihrem Fußboden nicht mehr als 22 m über der Geländeoberfläche liegen. Verkaufsräume dürfen mit ihrem Fußboden im Mittel nicht mehr als 5 m unter der Geländeoberfläche liegen.

§ 21
Räume für Abfälle

Verkaufsstätten müssen für Abfälle besondere Räume haben, die mindestens den Abfall von zwei Tagen aufnehmen können. Wände und Decken dieser Räume sind in der Feuerwiderstandsklasse
F 90 und in den wesentlichen Teilen aus nichtbrennbaren Baustoffen (F 90-AB), Türen als Feuerschutzabschlüsse der Feuerwiderstandsklasse T 30 herzustellen.

Anhang 2

§ 22
Gefahrenverhütung

(1) Das Rauchen und das Verwenden von offenem Feuer ist in Verkaufsräumen und Ladenstraßen verboten. Dies gilt nicht für Bereiche, in denen Getränke oder Speisen verabreicht oder Besprechungen abgehalten werden. Auf das Verbot ist dauerhaft und leicht erkennbar hinzuweisen.

(2) In notwendigen Treppenräumen, in Treppenraumerweiterungen und in notwendigen Fluren dürfen keine Dekorationen vorhanden sein. In diesen Räumen sowie auf Ladenstraßen und Hauptgängen innerhalb der nach § 11 Abs. 1, 3 und 4 erforderlichen Breiten dürfen keine Gegenstände abgestellt sein.

§ 23
Rettungswege auf dem Grundstück, Flächen für die Feuerwehr

(1) Kundinnen oder Kunden und Betriebsangehörige müssen aus der Verkaufsstätte unmittelbar oder über Flächen auf dem Grundstück auf öffentliche Verkehrsflächen gelangen können.

(2) Die erforderlichen Zufahrten, Durchfahrten und Aufstell- und Bewegungsflächen für die Feuerwehr müssen vorhanden sein.

(3) Die als Rettungswege dienenden Flächen auf dem Grundstück sowie die Flächen für die Feuerwehr nach Absatz 2 müssen ständig freigehalten werden. Hierauf ist dauerhaft und leicht erkennbar hinzuweisen.

§ 24
Verantwortliche Personen

(1) Während der Betriebszeit einer Verkaufsstätte muss die Betreiberin oder der Betreiber oder eine von ihr oder ihm bestimmte Vertretung ständig anwesend sein.

(2) Die Betreiberin oder der Betreiber einer Verkaufsstätte hat
1. eine Brandschutzbeauftragte oder einen Brandschutzbeauftragten und
2. je angefangene 2000 m² Verkaufsfläche mindestens eine Selbsthilfekraft für den Brandschutz
zu bestellen. Die Namen dieser Personen und jeder Wechsel sind der Brandschutzdienststelle auf Verlangen mitzuteilen. Die Betreiberin oder der Betreiber hat für die Ausbildung dieser Personen im Einvernehmen mit der Brandschutzdienststelle zu sorgen.

(3) Die oder der Brandschutzbeauftragte hat für die Einhaltung des § 8 Abs. 2 Satz 3, des § 11 Abs. 5, der §§ 22, 23 Abs. 3, des § 24 Abs. 5 und des § 25 zu sorgen.

(4) Die erforderliche Anzahl der Selbsthilfekräfte für den Brandschutz ist von der Bauaufsichtsbehörde im Einvernehmen mit der Brandschutzdienststelle festzulegen.

(5) Selbsthilfekräfte für den Brandschutz müssen in erforderlicher Anzahl während der Betriebszeit der Verkaufsstätte anwesend sein.

§ 25
Brandschutzordnung

(1) Die Betreiberin oder der Betreiber einer Verkaufsstätte hat im Einvernehmen mit der Brandschutzdienststelle eine Brandschutzordnung aufzustellen. In der Brandschutzordnung sind insbesondere die Aufgaben der oder des Brandschutzbeauftragten und der Selbsthilfekräfte für den Brandschutz sowie die Maßnahmen festzulegen, die zur Rettung Behinderter, insbesondere Rollstuhlbenutzerinnen oder Rollstuhlbenutzer, erforderlich sind.

(2) Die Betriebsangehörigen sind bei Beginn des Arbeitsverhältnisses und danach mindestens einmal jährlich zu belehren über
1. die Lage und die Bedienung der Feuerlöschgeräte, Brandmelde- und Feuerlöscheinrichtungen und
2. die Brandschutzordnung, insbesondere über das Verhalten bei einem Brand oder bei einer Panik.

(3) Im Einvernehmen mit der Brandschutzdienststelle sind Feuerwehrpläne anzufertigen und der örtlichen Feuerwehr zur Verfügung zu stellen.

§ 26

Stellplätze für Behinderte
Mindestens 3 v. H. - für Großhandelsmärkte mindestens 1 v. H. - der notwendigen Stellplätze, mindestens jedoch ein Stellplatz, müssen für Behinderte vorgesehen sein. Auf diese Stellplätze ist dauerhaft und leicht erkennbar hinzuweisen.

§ 27
Prüfungen
(1) Die Bauherrin oder der Bauherr oder die Betreiberin oder der Betreiber haben die technischen Anlagen und Einrichtungen, an die in dieser Verordnung Anforderungen gestellt werden, entsprechend der Verordnung über die Prüfung technischer Anlagen und Einrichtungen von Sonderbauten durch staatlich anerkannte Sachverständige und durch Sachkundige - Technische Prüfverordnung - (TPrüfVO) in der jeweils geltenden Fassung prüfen zu lassen.
(2) Die Bauaufsichtsbehörde hat Verkaufsstätten in Zeitabständen von höchstens 3 Jahren zu prüfen. Dabei ist auch die Einhaltung der Betriebsvorschriften zu überwachen und festzustellen, ob die Prüfungen der technischen Anlagen und Einrichtungen fristgerecht durchgeführt und etwaige Mängel beseitigt worden sind. Dem Staatlichen Amt für Arbeitsschutz und der für die Brandschau zuständigen Behörde ist Gelegenheit zu geben, an den Prüfungen teilzunehmen.

§ 28
Weitergehende Anforderungen
An Lagerräume, deren Lagerguthöhe mehr als 9 m (Oberkante Lagergut) beträgt, können aus Gründen des Brandschutzes weitergehende Anforderungen gestellt werden.

§ 29
Übergangsvorschriften
Auf die im Zeitpunkt des Inkrafttretens der Verordnung bestehenden Verkaufsstätten sind § 11 Abs. 4 und 5 und die §§ 22 bis 25 sowie § 27 anzuwenden.

§ 30
Ordnungswidrigkeiten
Ordnungswidrig im Sinne des § 84 Abs. 1 Nr. 20 BauO NRW handelt, wer vorsätzlich oder fahrlässig
1. die Länge der Lauflinie der Rettungswege nach § 8 Abs. 2 Satz 3 vergrößert,
2. Rettungswege entgegen § 11 Abs. 5 einengt oder einengen lässt,
3. Türen im Zuge von Rettungswegen entgegen § 13 Abs. 3 während der Betriebszeit abschließt oder abschließen lässt,
4. in notwendigen Treppenräumen, in Treppenraumerweiterungen oder in notwendigen Fluren entgegen § 22 Abs. 2 Dekorationen anbringt oder anbringen lässt oder Gegenstände abstellt oder abstellen lässt,
5. auf Ladenstraßen oder Hauptgängen entgegen § 22 Abs. 2 Gegenstände abstellt oder abstellen lässt,
6. Rettungswege auf dem Grundstück oder Flächen für die Feuerwehr entgegen § 23 Abs. 3 nicht freihält,
7. als Betreiberin oder Betreiber oder als Vertretung entgegen § 24 Abs. 1 während der Betriebszeit nicht ständig anwesend ist,
8. als Betreiberin oder Betreiber entgegen § 24 Abs. 2 die Brandschutzbeauftragte oder den Brandschutzbeauftragten und die Selbsthilfekräfte für den Brandschutz in der erforderlichen Anzahl nicht bestellt,
9. als Betreiberin oder Betreiber entgegen § 24 Abs. 5 nicht sicherstellt, dass Selbsthilfekräfte für den Brandschutz in der erforderlichen Anzahl während der Betriebszeit anwesend sind,
10. die Funktion von Brandschutzeinrichtungen während der Betriebszeit einschränkt oder verhindert.

§ 31
Inkrafttreten
Diese Verordnung tritt am Tage nach der Verkündung in Kraft. Gleichzeitig tritt die

Anhang 2

Geschäftshaus-Verordnung vom 22. Januar 1969 (GV. NRW. S. 168), zuletzt geändert durch Verordnung vom
20. Februar 2000 (GV. NRW. S. 226), außer Kraft.
Düsseldorf, den 8. September 2000

Der Minister
für Städtebau und Wohnen,
Kultur und Sport
des Landes Nordrhein-Westfalen
Dr. Michael V e s p e r

[*)] Die Verpflichtungen aus der Richtlinie 98/34/EG des Europäischen Parlaments und des Rates vom 22. Juni 1998 über ein Informationsverfahren auf dem Gebiet der Normen und technischen Vorschriften (ABl. EG Nr. L 204 S 37) sind beachtet worden.

Anlage Tabelle zu § 3 (PDF-File)

-GV. NRW. 2000 S. 639

Zeile	Spalte	1	2	3	4
		Verkaufsstätten erdgeschossig		sonstige	
		ohne Sprinkler	mit Sprinkler	ohne Sprinkler	mit Sprinkler
1	Tragende Wände, Pfeiler und Stützen	F 30-B	B 2	F 90-AB	F 90-AB
2	Außenwände	B 1 oder F 30-B	B 1 oder F 30-B	A oder F 90-AB	B 1 oder F 90-AB
3	Trennwände zwischen Verkaufsstätte und anderen Räumen	F 90-AB	F 90-AB	F 90-AB	F 90-AB
4	Decken	F 30-A	A	F 90-A	F 90-A
5	Tragwerke von Dächern	F 30-B	B 2	F 90-AB	A
6	Außenwandbekleidungen einschl. Dämmstoffe und Unterkonstruktionen	B 1	B 1	A	B 1
7	Deckenbekleidungen einschl. Dämmstoffe und Unterkonstruktionen	A	A	A	A
8	Wandbekleidungen einschl. Dämmstoffe und Unterkonstruktionen in Rettungswegen und Ladenstraßen	A	A	A	A

Es bedeuten:
- F/T 30/90: Feuerwiderstandsklasse des jeweiligen Bauteils nach seiner Feuerwiderstandsdauer
- A: aus nichtbrennbaren Baustoffen
- AB: in den wesentlichen Teilen aus nichtbrennbaren Baustoffen
- B: brennbare Baustoffe zulässig
- Brandwand: siehe § 33 BauO NRW
- B 1: aus schwerentflammbaren Baustoffen
- B 2: aus normalentflammbaren Baustoffen

Sachregister

Die fetten Zahlen des Registers bezeichnen die Paragrafen der Verordnung, die folgenden die Absätze (in Klammern) oder die Randnummern (R) der Erläuterungen.

Abfalllagerräume **23**
abgetrennte Räume **1** R 18
Abhängdecken **7** (2)
Abschlüsse von Öffnungen **15**
Abschlusswände von Gebäuden **4** R 6, **6** R 10, 45
Abstellen von Kraftfahrzeugen **25** R 12
Alarmierungseinrichtungen **20** (2)
Allgemeinbeleuchtung **21** R 14
Anbauten **8** R 2
anerkannte Sachverständige **30** (1)
Anforderungen, weitere nach der Bauordnung **1** R 10
–, weitergehende an Lager **1** R 4, **31**
Anwendung der Betriebsvorschr. auf bestehende Verkaufsst. **32**
Anwendungsbereich der Verordnung **1**
–, Verkaufsst., die nicht unter den – fallen **1** R 7
Arbeitskreis Geschäftshausverordnung Einf. R 8
– Sonderbauten Einf. R 8
Arbeitsstättenverordnung **1** R 12
ARGEBAU Einf. R 6
Aufschlagen der Türen **15** (3)
Aufstellflächen für die Feuerwehr **25** R 7–10
Aufzüge für Behinderte **10** R 46
Ausgänge **14**
Ausgangsbreiten **14** (2, 3)
Aushang der Brandschutzordnung **2** R 14
Außenwände **4**
Außenwandverkleidungen **9** (1)
Ausstellungsbauten **2** R 14
Ausstellungsräume **2** R 8
automatische Türen **15** (5)

Autoverkaufsstätten **2** R 13

Bad Dürkheimer Vereinbarung Einf. R 6
Baunutzungsverordnung Einf. R 16
Bauordnung, Anwendung der – **1** R 10
Bauvorlagen **29**
Bayerische Bauordnung 1901 Einf. R 1, 4
Bebauungsplan Einf. R 16
Bedachungen **8** (2, 3), R 8 ff.
begehbare Dächer **10** (1)
Beheizung **17**
Behinderte **1** R 10, **10** R 44–46, **28**
Belehrung der Betriebsangehörigen **27** (2)
Beleuchtungsstärke der Sicherheitsbeleuchtung **18** R 19
Benachrichtigung der Feuerwehr **20** R 36
Beratungsräume **2** R 8
Bereitschaftsschaltung der Sicherheitsbeleuchtung **18** R 19
besondere Personengruppen **1** R 10, **10** R 44–46, **28**
bestehende Verkaufsstätten **32**
Betreiber der Verkaufsstätte **26** (1, 2)
Betriebsräume für elektrische Anlagen **18** R 14
Betriebsvorschriften **24–27**, **24** R 1–4, **26** R 9
Betriebsdauer der Sicherheitsstromversorgung **21** R 13
Betriebszeit der Verkaufsstätte **26** R 28
Bewegungsflächen für die Feuerwehr **25** R 7–10
Blitzschutzanlagen **19**

155

Sachregister

Bodenbeläge **9** R 9, **12** (2), **13** (2)
Bodenschließer **15** R 19
Brandabschnitte **6**
Brandfall, Verhalten im – **27** R 2
Brandmeldeanlagen **20** (2)
Brandmelder **20** R 32–35
Brandschutzbeauftragter **26** (2, 3)
Brandschutzordnung **27**
Brandverhütung (Gefahrenverhütung) **24**
Brandwände **6**
Büroräume **13** R 16
Bundesverfassungsgericht, Gutachten über die Zuständigkeiten Einf. R 5

Dächer **8**
Dachschalungen **8** (2)
Dachtragwerk **8** R 3–7
Dämmschichten **9**
Dauerschaltung der Sicherheitsbeleuchtung **18** R 19
Decken **7**
Deckenöffnungen **7** (3)
Deckenverkleidungen **9** (2)
Deckenhohlräume **7** (2), R 11, 12
Dekorationen **24** (2)
Dekorationswerkstätten **5** R 20
Dienstleistungen **2** R 24
DIN VDE 0108 Sicherheitsbeleuchtung und -stromversorgung **18** R 16
DIN 277 Flächenberechnung **1** R 17
DIN 1055 Lastannahmen **4** R 11
DIN 4066 Hinweisschilder für Brandschutz **20** R 27
DIN 4102 Brandverhalten von Baustoffen und Bauteilen **3** R 2, **7** R 2, **8** R 9, **9** R 9, 11
DIN 4844 Verbotsschilder **24** R 10
DIN 5035 Beleuchtung **21** R 15
DIN 13 489 Sprinkleranlagen **3** R 6, **20** R 10
DIN EN 13 501-2 Brandverhalten von Bauteilen **3** R 2
DIN 14 090 Flächen für die Feuerwehr **25** R 10
DIN 14 095 Feuerwehrpläne **27** (3)
DIN 14 096 Brandschutzordnung **27** (1)

DIN 14 406 Feuerlöscher **20** R 24
DIN 14 461 Wandhydranten **20** R 27
DIN 14 494 Sprühwasser-Löschanlagen **30** R 4
DIN 14 675 Brandmeldeanlagen **20** R 33
DIN 18 024 Maßnahmen für Behinderte **10** R 45
DIN 18 064 Treppen **11** R 20
DIN 18 065 Treppen **11** R 5
DIN 18 082–18 084 feuerhemmende Türen **15** R 5
DIN 18 095 Rauchschutztüren **15** R 5
DIN 48 801–48 860 Blitzableiterbauteile **19** R 2
DIN 57 185 Blitzschutzanlagen **19** R 2
DIN 57 833 Gefahrenmeldeanlagen **20** R 33
DIN V ENV 61 024 Blitzschutzanlagen **19** R 4
Doppelböden **9** R 10, 11
–, bauaufsichtliche Richtlinien **9** R 11
Drehtüren **15** (5)
Durchfahrten für die Feuerwehr **5** R 3, **25** R 7–10

Einbauten in Rettungswegen **13** (5)
Einheitsbauordnung (EBO), Preußische – Einf. R 1
Einkaufszentren Einf. R 16, 18
Einrichtungshäuser **2** R 13
Einzelhandel Einf. R 19
Einzelhandelsbetriebe Einf. R 11, 16 ff.
Einzelhandelsgroßbetriebe Einf. R 16 ff.
elektrische Anlagen **18** R 5–7
– Betriebsräume **18** R 14
– Verriegelungen **15** R 13
Energiewirtschaftsgesetz **18** R 5, 6
Entfernungen zu den Ausgängen **10**
Erfrischungsräume **2** R 4
Ermächtigungsgrundlagen vor **1** R 1
Ermittlung der Rettungswegslängen **10** R 30–35
Ersatzstromquellen **21** R 16–20
Ersatzstromversorgung (Sicherheitsstromversorgung) **21**

MVkVO

Fachgeschäfte, abgetrennte – **1** R 18
Fachkommission Bauaufsicht Einf. R. 8
Fahrtreppen (Rolltreppen) **7** R 17, **11** R 3
Feststellanlagen von Türen **6** (4), **15** (4)
feuerbeständig **3** R 2, 17
feuergefährliche Arbeiten **27** R 15
feuerhemmend **3** R 2
Feuerlöscheinrichtungen **20** (2)
Feuerlöscher (Handfeuerlöscher) **20** (2)
Feuermeldeanlagen (Brandmeldeanlagen) **20** (2)
Feuerschutztüren **15** (1, 2)
Feuerüberschlagsweg **4** R 9
Feuerungsanlagen **17** R 1
Feuerwehr, Benachrichtigung der – **20** R 36
–, Beteiligung der – **26** (1, 4), **27** (1, 4)
–, Bewegungsflächen für die – **25** (2)
Feuerwehraufzug **10** R (46)
Feuerwehrmänner **26** R 26
Feuerwehrpläne **27** (3)
Flächenermittlung der Brandabschnitte **6** R 24, 25
– der Nutzflächen **1** R 13–17
Flohmarkt **2** R 6
Flure **13**
Freien, Ausgänge zum – **2** R 37, **14** (1)
–, Verkauf im – **2** R 3
Freiflächen einer Verkaufsstätte **2** R 3
Freihaltung der Rettungswege **24** (2)
fremde Räume **5** (1)
Friseurgeschäfte **2** R 7, 24

Galerien als Einbauten **2** R 19
Gänge **13** (4)
Gartencenter **2** R 4
Gaststätten **2** R 7, 24, 22
Gebäude, Begriff **2** R 2
Gebäudeabschlusswände **4** R 6, **6** R 10, 45
Gebäudeprüfung durch die Bauaufsichtsbehörde **30** R 19, 20
Gebäudeteile mit Verkaufsstätten **1** R 5
Gefahrenverhütung **24**
gefährliche Arbeiten **27** R 15
Geländeoberfläche **22** R 5
Geländer **11** (4)

Geschäftshausverordnung Einf. R 7, 8
gesicherte Flure **2** R 37, **12** R 29
Großhandelslager **2** R 16
Glaswände **4** R 11
Grundstück, Rettungswege auf dem – **25** (1)
Gruppenbatterien **21** R 16

Handfeuerlöscher **20** (2)
Handläufe **11** (4)
Hauptgänge **13** (4)
Hausalarm **27** R 16
haustechnische Anlagen **18** R 14
– im Dachraum **2** R 18
Hausfeuerwehr **26** R 16 ff.
Heizkörper **17** R 4
Heizräume **5** R 3
Hilfsfeuerwehrmänner **26** R 26
Hinweise auf Verbote **24** (1)
– in Rettungswegen **10** (7), 18
Hochhäuser **22** R 8
Hochregallager **31** R 9
Höhenlage von Verkaufsräumen **22**
Hohlraumestriche **9** R 10, 11
–, bauaufsichtliche Richtlinien **9** R 11

Inbetriebnahme, Prüfungen vor der – **30** (1)
Inhaber **26** R 7
Inhaltsverzeichnis vor **1** R 3
In-Kraft-Treten **34**

Jahrmärkte **2** R 3

Kanäle für Installationen **10** R 43
Kassenstände **14** R 10
Kennzeichnung der Selbsthilfekräfte **26** R 27
Kerzenbeleuchtung **24** R 7
Kragplatten **6** (5)
Küchen **17** R 3
Kundenflure **13** (3)
Kundentreppen **11** (2)
Kundenverkehr, geringer – **2** R 13

Ladenstraßen, Begriff **2** (4)
Lagern von Gegenständen **24** (2)
Lagerräume **2** R 11, 12, **5** (2), **31**

157

Sachregister

– für Abfälle **23**
Laufbreite von Treppen **11** (2)
Lauflinie von Rettungswegen **10** R 32
Leiter des Betriebs (Betreiber) **26** (1, 2)
Leitungen von Rauchabzugsanlagen **16** R 8, siehe auch Richtlinien (Leitungsrichtlinien, Lüftungsanlagenrichtlinien)
Leuchten **17** R 4, **18** R 8
lichtdurchlässige Bedachungen **8** (3)
– Teilflächen in Wänden **6** R 11
Luftlinie von Rettungswegen **10** R 33
Lüftung **16**
Lüftungsanlagenrichtlinien **16** R 3

Malerwerkstätten **5** R 20
Mängelbeseitigung **30** R 18
mehrgeschossige Verkaufsstätten (Begriff) **3** R 7, 8
Messebauten **1** R 8, **2** R 14
Musterbauordnungskommission Einf. R 6 ff.
Musterverordnungen Einf. R 5 ff., Musterverordnung 1995 Einf. R 9, vor **1** R 1

Nachbargrundstück **25** R 5
Nebengänge **13** R 4, 24
notwendige Flure **13** (3, 6)
– Treppen **11**
Nutzfläche der Verkaufsräume **1** R 13 ff.
– der Ladenstraßen **1** R 13 ff.

oberer Raumabschluss **8** (1)
oberirdische Geschosse **2** R 20
öffentlich zugängige Gebäude **10** R 45
öffentliche Sicherheit und Ordnung Einf. R 14, 15
– Verkehrsflächen **25** (1)
Öffnungen in Brandwänden **6** (4)
– in Decken **7** (3)
offenes Feuer **24** (1)
Ordnungswidrigkeiten **33**

Panikverschlüsse **15** R 12
Passagen siehe Ladenstraßen
Pendeltüren **15** (5)

Personalräume **1** R 12, **2** R 8, **13** R 16
Pfeiler **3**
Pförtner **26** R 28, **27** R 14
Polizeiverordnungen Einf. R 2 ff.
Prüfberichte **30** (1)
Prüffristen **30** (1)
Prüfungen **30**

Rampen **11** R 1
Rauchabführung **16**
rauchdichte Türen **15** (1, 2)
Rauchen **24** (1)
Räume mit erhöhter Brandgefahr **5** R 21
Raumheizgeräte **17**
Rechtsgutachten des Bundesverfassungsgerichtes Einf. R 5
Regeln der Elektrotechnik **18** R 6
Reisebüros **2** R 7, 24
Rettungsbalkone **10** (1)
Rettungsmaßnahmen **27** R 13
Rettungstunnel **2** R 37
Rettungswege **10**
– auf dem Grundstück **25** (1)
– auf fremden Grundstücken **25** R 5
–, Beleuchtung von – **18**
–, Freihaltung von – **24** (2)
–, Türen in – **15**
Richtlinien
–, die Verordnung als – Einf. R 8, **33** R 2
–, automatische Schiebetüren und Elektroverriegelungen **15** R 13
–, Fahrtreppen und Fahrsteige (Rolltreppen) **11** R 3
–, Hohlraumestriche und Doppelböden **9** R 11
–, Leitungsrichtlinien **7** R 15, **12** R 28
–, Lüftungsanlagenrichtlinien **7** R 15, **16** R 3
Richtungspfeile **10** R 49
Rollläden **15** (6)
Rollstuhlbenutzer **10** R 44–46, **27** R 13
Rolltreppen (Fahrtreppen) **7** R 17, **11** R 3
Rundumkennleuchten **10** R 50

Sachverständige **30** (1)

Sanitärräume 2 R 8
Schaufensterräume 1 R 19, 2 R 25
Scheinwerfer 18 R 8
Scherengitter 15 (5)
Schiebetüren 15 (5)
Schnellbereitschaftsaggregate 21 R 19
Schreinerwerkstätten 5 R 20
Schutzkleidung der Selbsthilfekräfte 26 R 27
Schweißarbeiten 27 R 15
schwerentflammbar 3 R 2
Selbsthilfekräfte 26
selbsttätige Feuerlöscheinrichtungen 20 (1), 30 R 4
Servicecenter 2 R 5
Sicherheitsbeauftragter 27 R 3
Sicherheitsbeleuchtung 18
Sicherheitszeichen 10 (7), 24 R 10, 25 R 13, 27 R 7
Sondergebiete Einf. R 11 ff.
Sortimentsumstellung 2 R 13
Sozialräume 2 R 8
Sprinkleranlagen 20 (1)
städtebauliche Zulässigkeit Einf. R 16 ff.
Stromerzeugungsaggregate 21 R 16–20
Stufenbeleuchtung 10 (6)
stufenloser Zugang für Behinderte 10 R 38, 45
Stützen 3
Supermärkte 2 R 15

tiefer gelegene Verkaufsräume 20 R 13–22, 22 (1), R 9 ff.
tragende Wände 3
Tragwerk von Dächern 8 (1)
Trennwände 5
Treppen 11
– im Freien 11 R 6
Treppenräume 12
–, innenliegende 12 R 19, 20
–, Podeste 12 R 22
–, Rauchabzug 16 (4)
Treppenraumerweiterungen 2 (5), 12 (3)
Türen in Rettungswegen 15
Türverschlüsse 15 R 12, 13

überdeckte Flächen 2 R 4

Übergangsvorschriften 32
Umschaltzeit der Sicherheitsbeleuchtung 21 R 13
Unfallverhütungsvorschriften 1 R 7
Unterdecken 7 (1, 2)

VBG 1 Allgemeine Unfallverhütungsvorschriften 11 R 3, 27 R 3
VBG 122 Fachkräfte für Arbeitssicherheit 26 R 15
VBG 125 Sicherheits- und Gesundheitsschutzkennzeichnung am Arbeitsplatz 10 R 48, 24 R 10, 27 R 7
VDE (Verband Deutscher Elektrotechniker) 18 R 6
VDE 0108 Sicherheitsbeleuchtung und -stromversorgung 18 R 16
VDE 0833 Gefahrenmeldanlagen 20 R 33
verantwortliche Personen 26
Verbrauchermärkte Einf. R 15
Verkaufsmessen 2 R 14
Verkaufsräume, Begriff 2 (3)
Verkaufsstände 13 (4)
Verkaufsstätten, Begriff 2 (1)
– mit geringem Kundenverkehr 2 R 13
Verkehrswege für Behinderte 10 R 44–46
Verkleidungen 9
Verpackungsmaterial 23 R 2
Verriegelungen, elektrische – 15 (3), R 13
Verwaltungsvorschrift zum Vollzug des BauGB und der BauNVO Einf. R 24
Vollgeschosse 2 R 20
Vorführräume 2 R 8

Wände 3
–, Brandwände 6
–, Trennwände 5
Wandhydranten 20 (2)
Wandverkleidungen 9 (3)
Warenanlieferung 2 R 35, 25 R 12
Warenhäuser Einf. R 19
Warenhausverordnung Einf. R 2 ff.
Wärmestrahlgeräte 17 R 4
Wegstrecke bis zum Ausgang 10 (2–5)

Sachregister

weitere Anforderungen nach der Bauordnung **1** R 10
weitergehende Anforderungen an Lager **32**
Wendeltreppen **11** R 17–20
Werkräume **5** (2)
Werkfeuerwehr **26** R 19

wiederkehrende Prüfungen **30** (1)
Zentralbatterien **21** R 17
Zufahrten für die Feuerwehr **25** R 10
Zugänge für die Feuerwehr **25** R 10
zweiter Rettungsweg **10** R 5, 10